9787542684752

作战无人机系统
和全球作战无人机

UNMANNED COMBAT AIR SYSTEMS
A NEW KIND OF CARRIER AVIATION

［美］诺曼·弗里德曼（Norman Friedman） 著

毛 翔 杨晓波 译 殷 华 审校

上海三联书店

CONTENTS
目录

  在典型的无人空中作战系统（UCAS）中，单个地面控制系统或控制站操控着数架或一组无人飞行器，组成机群在空中作战，即是说系统中每一架无人飞行器都不是单独被操控的。作战运用时，操控人员为整个空中机群指定目标，控制系统（通常在人员的监控下）自行为机群中的各个飞行器分配各自的攻击目标，而无人机如何具体地完成攻击任务很大程度上也由系统自行决定。

变化中的战术环境

美国参与并赢得一场传统战争的总体能力将提供一种制止某些国家任意妄为的形式，但是，美国这种能力的代价是高昂的，而且似乎也不太适合在阿富汗这类战场环境与某些武装进行战斗。

　　遍及战场的侦察、监视传感器既可以时刻查明敌方目标的位置，又不会让后者有所警觉。而且立体传感器网络的侦察数据经整合处理后，可大大提升数据的可信性。如果在较广阔的范围内，总能更新对敌方目标态势的掌握，敌方可能就不会清楚我们计划攻击哪一个目标，抑或在何时进行攻击，这样就能最大程度地隐藏己方攻击企图并达成攻击的突然性。

转型的需要

　　就美国自己而言，全球战略环境已使现有的战争方式不再可行，经济上也无法负担，或者说形势变化导致了新的军事需求，而美国现在的军事结构和作战模式无法满足和胜任这种需要。对美国来说，无人空中作战系统提供了革命性的战术潜力，这种革命性的差异不仅仅在于平台本身或其分布式控制系统，还在于其全新的使用方式。

飞行员的任务

纵观历史，武器的发展史就是不断用机械取代人力，逐渐向自动化方向发展的历史。自动化的一大趋势是，除去必须由人处理的事务，一切可自动化的都尽量交给机器处理。通过自动化，武器系统中人的工作逐渐减少，由此带来的人员损失也随之降低。历史经验表明，在同样条件下，战争中武器自动化程度低的军队在人员方面损失更多。

通常认为舰载机联队的购买成本和航空母舰的购买成本相当，考虑到一艘航空母舰在其服役的 50 年间需购买两个舰载机联队飞机，则采用无人机后航空母舰的运用成本将远小于购买成本，即舰载机联队及其运用成本将减半。这样一来，在同样预算下，军队可购买和投入使用更多的航空母舰。

　　除了在需要时为地面部队提供火力支援外，无人机部队更多的时候是为地面提供"看见山那边情况"的能力，也就是侦察监视信息，这是早期战术侦察飞机所扮演的角色。现在有人战机的速度太快，所以这些"缓慢"的无人机就接过了这一任务，这也被视为它们进行侦察时的主要优势。

　　在大型飞行器方面，美国国防部先进项目研究局（DARPA）已显示出对超长航时大型无人飞行器的兴趣，比如能连续滞空 4～5 年之久无须落地的轻量太阳能飞行器；另一类则是大型无人软式飞艇，它们能搭载大型的相控阵雷达，危急时将其部署到战场上空受到严密保护的空域，利用其监视战场上敌方力量的活动（特别是战区弹道导弹）。昼间雷达及其动力设备将使用飞艇表面的太阳能电池提供的能源（富余能源则储存起来），夜间则使用昼间被储存的富余能源，实现全天 24 小时的不间断部署。

　　美国导弹防御局（MDA）曾试验利用无人飞行器对敌方发射的弹道导弹进行助推段拦截，该项目又名为"战区作战响应飞行器计划"（RAPTOR），其英文缩写译为"猛禽"。该计划构想，利用具备长航时特性的侦察控制飞行器及攻击飞行器潜伏在敌方可能发射弹道导弹的空域，侦察飞行器在探测到敌方导弹发射后，将相关信息传输给附近的攻击飞行器，由后者发射高速空对空导弹，将正在助推段以较慢速度飞行的弹道导弹击毁。

序

　　根据海军武器专家诺曼·弗里德曼的观点，美国海军目前正在开发中的无人空中作战系统（UCAS）将会彻底改变未来海军航空兵的作战观念和方式，这种新出现的无人飞行器将在显著降低作战成本的同时，极大地拓展舰载飞行器的作战范围。诺斯罗普·格鲁曼公司研制的 X-47B，正是新无人空中作战系统的原型机，它是一种具有变革性意义的、可搭载于航空母舰上的多用途无人飞行器。这种和有人战机尺寸相当的大型无人飞行器，具有无与伦比的航程、低可探测性特点以及高持久性的飞行能力，能够遂行侦察、情报、监视和时敏目标定位及打击在内的多种任务。

　　X-47B 是目前各国开发的第一款可与有人攻击战机相媲美的无人飞行器。在这本弗里德曼先生的力作中，作者将为我们描述未来战争中美国海军将如何运用 X-47B，并解释为什么海军会发现未来用一支基本由无人飞行器组成的舰载机力量体系，相比继续维持现有的有人战机力量体系，是更具吸引力的选择。在本书中，作者亦提出无人攻击飞行器，也可被看作是可与其操控人员进行交互的巡航导弹的进一步拓展；此外，全书还在更广泛的历史背景下，深入浅出地叙述了无人飞行器技术和战术发展的脉络。在最后的章节中，则收录了冷战后各国主要无人系统的开发、使用及战术性能情况。

INTRODUCTION
COM

AN UNMANNED
BAT AIR SYSTEM

无人空中
作战系统

诺斯罗普·格鲁曼公司目前正在为美国海军开发新一代的无人空中作战系统（UCAS），系统中最为人所熟知的飞行器就是 X–47B 型无人机。整套系统在很多架构和技术环节上，都显著不同于现有的无人系统，甚至不同于日益普及的无人空中作战飞行器（UCAV），后者通常单独飞行，每架无人机由一名操作人员掌控。而该公司新开发的无人空中作战系统，所有无人飞行器和控制系统都更为紧密地整合在一起。在典型的无人空中作战系统中，单个地面控制系统或控制站操控着数架或一组无人飞行器，组成机群在空中作战，即系统中每一架无人飞行器都不是单独被操控的。作战运用时，操控人员为整个空中机群指定目标，控制系统（通常在人员的监控下）自行为机群中的各个飞行器分配各自的攻击目标，而无人机如何具体地完成攻击任务很大程度上也由系统自行决定。这一系统成熟运用后，会开启一种全新的作战方式。美国海军航空兵作战方式和理念上的这种变革，也正是美国国家和技术发展战略所指的方向 [1]。美国武装力量充分利用其技术和智力优势开发各类无人作战系统，进而在战争形态和战术运用上展开更为广泛的军事转型过程，而无人空中作战系统可能是最为前沿和尖端的开发项目，这类系统的成功运用也将进一步提升人力有限的海陆空三军的作战效能。然而，这一理念并非新近才提出，早在第二次世界大战时，美国就利用庞大的军工产能彻底从物质上压垮了轴心国。当然，那时与现在的技术背景截然不同，第二次世界大战时期的技术背景混合了工业化大生产和新兴的电子技术，而现在则强调对计算机信息技术的深化应用。

多年之前，曾在美国海军水面系统司令部任职的詹姆斯·梅特卡夫三世（James Metcaff Ⅲ）就曾希望海军减少投向目标的弹药量，以提升作战效能并减轻后勤压力。那时美国海军大型水面舰只已普遍装备"战斧"（Tomahawk）导弹这类制导弹药，他所希望的减少弹药用量的部门即是海军航空兵，特别是航空母舰舰载机部队。古往今来，海上作战的要点都在于充分利用广泛分布的海洋实现力量投射，同时防止敌人做同样的事情。当前，就美国海军而言，对海洋的利用逐渐意味着通过海上向陆地发起攻击，并自由地输送、部署己方的力量；而相反地，对手也会试图阻止美军对海洋的利用，至少在靠近自己海岸的地方防止美军自由地行动。基于这种变化，美国海军认为，由海向陆的威胁迫使对手想方设法攻击美军的舰队，防止它们靠近其海岸，并希望利用海空力量摧毁靠近其海岸的美国海军力量。如此，双方的海空力量都努力获取对特定海域的控制权，并利用这种控制影响其他方面。至于航空母舰和传统的水面舰只，都是实现这一海上控制战略的重要手段，这两者也都是敌人不会忽略的存在，因此也最能吸引敌方的攻击。同时，这两类舰只都具备强大的立体攻防能力（如配备"战斧"的水面战舰可装备"宙斯盾"防空系统），敌人在与其交战过程中，并不能轻松将其击退。

那么，无人空中作战系统如何在这种战略中发挥作用呢？由海向陆的空中攻击类型中包括了新的无人作战手段吗？换个角度看，

下图：美国海军已采购了诺斯罗普·格鲁曼公司研制的 X-47B 无人空中作战飞机，作为演示和验证其无人空中作战系统的飞行器平台。图中为 X-47B 首次作地面静态展示。（诺斯罗普·格鲁曼公司）

图为诺斯罗普·格鲁曼公司研制的 X-47B 无人战斗航空器的验证机，正在航母上进行测试。2014 年 4 月，美国海军向该公司发放了后继型 UCLASS 无人机的方案征询书。（诺斯罗普·格鲁曼公司）

传统上美国由海向陆的攻击，都是将本土制造的弹药通过漫长的后勤补给线路投射到战区终端，也就是其最终的目标上。在这一过程中，航空母舰或发射导弹的战舰都只是各类弹药在实际被投射到目标前的转载点或平台。虽然同样的弹药可跳过拖沓的后勤输送过程和各类转载平台，直接经远程轰炸机输送，更快捷地由本土投射到目标（这也是美国海军和空军之间军种竞争的主要议题），但在转载平台实施抵近的弹药投掷时，相对较短的飞行距离和时间，将使待投掷的弹药具备更大的灵活性和实时性——可在明确的时间区间内投射特定弹药。毕竟，经由航空母舰在一两个小时内命中目标，与从美国本土出发飞行 10 ~ 20 小时命中目标之间，还是存在着巨大差异的。此外，这一过程中，另一个主要差别是航空母舰配备有防御性的战斗机，它们可摧毁敌人的反舰攻击机，而这样的任务却无法由执行远程攻击的轰炸机来完成。

新的战争方式

由分布在广阔地域内的各类无人飞行器组成的集群，适合美国武装力量近几年所采用的新的战争方式，这种新的战争方式也称为"网络中心战"[2]。要实施"网络中心战"，第一步是建立有关战区范围内各类活动和目标的战场态势感知，并保持这种态势感知实时得到更新。感知的态势需足够精确，能够用于目标指示，而且各类精确制导武器（如 GPS 制导等）可直接利用此类信息进行攻击。过去因要实施精确攻击，须在攻击前对目标进行最后的侦察，可能会打草惊蛇，而新的方法则消除了这种弊端。我们需要填平的正是这种近似的战术态势感知与能用于瞄准攻击的实时准确的态势感知之间的差距。在实战过程中，对要攻击的目标进行最后侦察确认的工作通常由精确弹药载机完成。假定我们建立并维持了对战场的良好的战术态势感知，可以让所有的攻击行动变成突袭，那么敌方看到我们的空中平台后就会惊慌失措。进一步说，范围覆盖广泛的态势感知也可以更轻易地察觉到敌方的行动甚至意图，而以往对敌方意图的判断总会因忽略某些细节而有所偏差和遗漏。同时，建立战场实时、精确的态势感知的新方法也使敌方进行战术欺骗和佯动更为困难。这一模式上的转变也使原本部署大量侦察设备才能完成的侦察任务，可以通过更有效率的方式来完成。这种转变就像在海军防空作战中，从要求每艘战舰能抗击一两个目标，到要求单舰能同时应对数十个目标一样，平台数量可能变化不大，但凭借着更精确的态势感知，便能够更有效地遂行作战任务。

态势感知图向我们清晰地展示着永远在变化的潜在目标的形势。从作战角度考虑，我们总是希望能尽可能迅速、准确地打击更多的目标，这也是为什么新的航空母舰设计总是强调每日能打击更多目标的能力的原因。有时，可以用不同的方法来实现这一目标，例如增加数量规模，抑或提升其质量效能，这其实也是数量规模与质量效能思维方式之间的区别。

过去由于用作侦察的资源及效能有限，只能应对数量不多的目标，空中侦察尽管在飞行路径上覆盖了广阔的区域，但更多地只

下图：目前，很多国家致力于开发高性能的隐形无人空中作战飞行器，图中极为前卫的飞行器模型，名为"暗剑"，首次展出于 2006 年，图中照片拍摄于 2007 年巴黎国际航展。在各国的设计中，无人平台的隐形性能被置于相当重要的位置，因为低可探测性使得无人机在敌、我、友、中立目标混杂的作战环境中更不易被敌方所探测和识别，同时隐形性能也是无人平台对抗日益先进的地空导弹威胁的主要防御手段。（作者收集）

是意味着在特定时间对特定区域进行有限的监视和观察，有时，侦察飞机的侦察路线甚至难以置信地覆盖了对方整个国家，但获取的情报信息却相对有限。在当前的技术基础上，唯一能真正实现对广大区域进行侦察覆盖的方法是电子侦察，这也是由于传感器能接收到的信号通常可以传播得很远。因而，较为典型的侦察模式就是利用电子侦察获得感兴趣的目标的近似位置，然后再派遣侦察飞机进行更精确的细节侦察，对一些重要地区甚至会反复派出飞机进行侦察。通常，这种侦察模式会使敌方觉察到即将到来的危险。至于将平台侦察与攻击的功能合一，虽能减少飞临目标上空的架次数量，从而减少被敌方觉察的风险，但也只能一次应对少量目标。

充当虚拟空中基地的无人飞行器集群

我们知道，航空母舰或其他平台、基地越靠近目标区域，向目标投掷弹药所需的时间就越短，攻击也就越有效率。例如，一支由航空母舰及其舰载机部队组成的支援部队，在配合地面部队作战时，航空母舰平台与被支援部队之间距离越近，那么支援就会越及时。这一概念长期应用于海军的战略和战术，但在无人空中作战平台投入使用后，由于其本身所具有的长滞空特性，可以长期盘旋在作战空域作为空中移动的"前沿基地"，提供更迅捷的火力支援，必将为作战行动带来新的可能。在这种作战模式下，搭载无人作战平台的航空母舰将发挥后方基地的功能，只是为维持前沿滞空的无人平台提供必要的后勤保障。理论上，虽然为大型无人飞行器补给油料和弹药与有人战机无异，但它们能够在对方空域滞留相当长的时间，这就提供了空中力量极为可贵的任务弹性。而当集群化使用无人平台时，必须为这些数量庞大的机群分配油料和弹药，使其能够连续地为机群提供油料、弹药保障，确保战区上空随时都备有可供作战的无人平台。

与过去和现有的无人机不同，新开发的无人空中作战系统并不将注意力集中于单个平台，而是聚焦于多个平台组成的集群。这些由多个平台一起构成的集群组成了一种新的空中武器，或者说作战攻击模式。在这样的集群中，操控者不必指挥单个具体的平台，指

对页图：航空母舰也充分考虑了无人作战平台参战带来的影响。图中为2009年参加美国海军协会展（Navy League Show）的"福特"级核动力航空母舰——CVN-78"杰拉尔德·R.福特"号——的最新设计。可看出，其平通甲板上的岛式建筑比以往建造的同级舰更靠近舰艉，同时还取消了右舷的第3座升降台，设计上的改动是为了释放出更多的舰体前部空间，便于携带更多战机。虽然模型上仍摆满了传统的海军有人战机，但这样的设计安排被认为是在为将来搭载更多无人空中作战飞行器作准备。（作者收集）

挥控制分布于所有无人飞行器中，单个平台与机群中的其他单台无人机、后方控制基地相互进行通信，由基地指派大致的任务[3]。指挥控制基地除为机群指派任务外，也能用于监控集群中各平台的行动，必要时也可全面接手对单个平台的控制。此外，集群中各个无人平台之间的相互通信，也使集群具备了成为更智能化实体的可能，这个实体可在一些给定因素的前提下（如平台的位置、其油料和弹药储量等），决定哪个平台更适合遂行特定任务。例如，集群中包括各类不同的无人作战飞行器，它们携带着针对不同类型目标的各类弹药，这种混搭的弹药结构可周期性地在无人平台返回后方航空母舰或基地补给的过程中进行调整和补充，如此，整个滞留在作战空域上空的前沿空中集群就持续性地具备应对各类不同目标的能力。

　　因此，当这个空中集群形成一定规模后，虽然就单个平台而

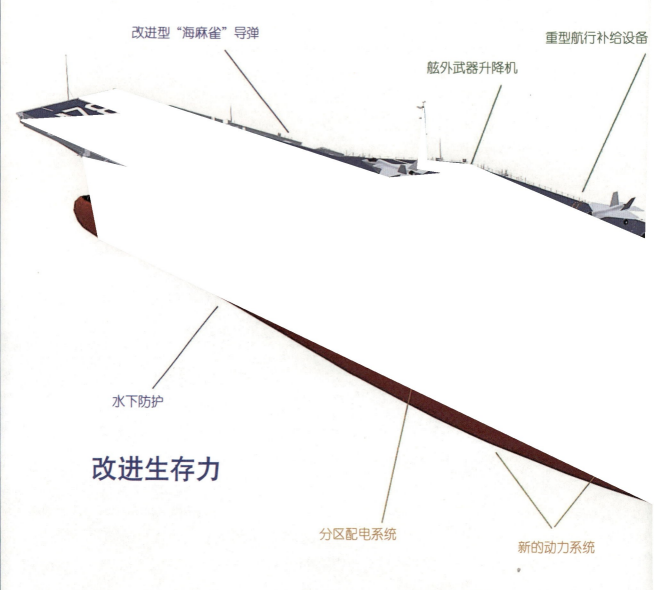

增强舰艇自卫能力　　改进的武器和物资转运流程

改进型"海麻雀"导弹

舰外武器升降机

重型航行补给设备

水下防护

改进生存力

分区配电系统

新的动力系统

辅助设施全电气化

新的推进／电力系统

综合舰岛

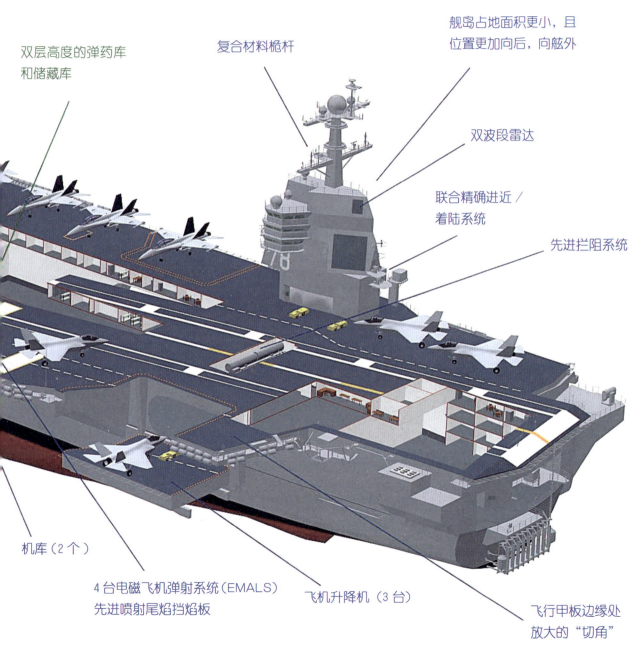

双层高度的弹药库
和储藏库

复合材料桅杆

舰岛占地面积更小，且
位置更加向后，向舷外

双波段雷达

联合精确进近／
着陆系统

先进拦阻系统

机库（2 个）

4 台电磁飞机弹射系统（EMALS）
先进喷射尾焰挡焰板

飞机升降机（3 台）

飞行甲板边缘处
放大的"切角"

优化的飞行甲板

言，它只能携带少量弹药和有限的油料，但将其作为整个集群中的构成部分时，集群作为一个空中力量的实体，就能够持续地发动所需打击。从某种意义上看，空中集群像一艘配备各类战机的航空母舰，很难被敌方所忽视。而海军应用航空母舰进行空中交战的长期经验也表明，这样的大规模空中无人平台集群很容易吸引敌方防空系统的注意，并在交战过程中摧毁敌方的防空系统及用作防御的战斗机群[4]，即由大量无人平台组成的空中集群将迫使敌方耗费更多的资源和战机来应对，而集群中具有隐形特性的高性能无人空中作战飞行器能携带自卫武器，利用自身配备有防止空中撞击和探测远方目标的传感器，对接近的敌方战机作出反应（整个集群也能从其他侦察、监视平台获取空域态势，例如早期预警机、天基侦察平台等）[5]。而且，作为整体的集群中，各个无人平台通过共享情报信息，也会随时保持对集群中其他平台位置、状态的感知，如此，特别当集群在远离己方空域活动时，就具备更强的自卫防御能力，而不必担心误伤友军的风险。以此方式，在敌方空域滞空的集群就能保持那些通常在己方安全空域才能进行的空中活动，如空中电子侦察、空中补给等——这也是航空母舰战斗群在敌方海域经常进行的作战模式，即由航空母舰强大的攻防力量吸引并摧毁敌方的反舰力量，否则后者将更容易攻击防御能力薄弱的海上船只，如补给船只等[6]。空中集群能够支持这种非常灵活和快速的作战模式，而这正是当今美国武装力量所竭力追求的目标。至于美国空军，由于缺乏航空母舰这类灵活的海上移动基地，是否能大规模利用无人空中作战系统组成空中集群进行高效作战，还有待研究和观察。

由于空中集群可较长时间地滞留在作战空域，与各类潜在目标的距离也相对较近，因此指派它们与调集由后方航空母舰出击的有人战术飞机相比，执行针对具体目标的攻击任务，或者重新指派其对新出现的目标进行攻击就非常迅捷和简单，但目前，重新指派目标更为常用。在瞬息万变的战术环境中，从发现目标到可实施攻击的窗口时间越来越短，打击这类目标需要准确、及时的情报支援和实时的打击力量，这就体现出了无人空中作战集群在战区空域长滞空时间的优越性。基于这种趋势，可以想象，在未来战场上，移动的、短暂的战术目标将占据绝大多数，相反，固定的静止目标则会越来越少。而现在的战术飞机，由于其自身性能特点以及指挥控制方面的局限，实际上只能有效地打击后一类目标。以现有的空中力量结构和能力，应对这类突然出现的时敏战术目标时，仍不得不采用原来对付固定目标的模式，只是在具体运用中进行适当调整。例如，在为阿富汗反恐战场上作战的美国地面部队提供支援和掩护时，驻阿空中力量将这个国家分为多个区域，为每个区域指派一架战机，即便这样也只能提供较短暂的实时支援。从空中控制的观点看，一个这样的区域有时更像是个铺展开的大型固定目标，在其中巡逻的战机根据需要被引导到具体的交战地点实施支援。然而，在现实中，由于地面部队需要战机尽可能长时间地停留在战区上空，但其滞空性能有限，并不能长时间地停留在巡逻空域听候地面召唤，这导致了很多时间上的空当。在各类用于支援的战机中，反应最为及时的可能算是海军陆战队的 AV-8B 垂直起降战斗机，这主要是由于 AV-8B 能够垂直起降以及在空中悬停的飞行性能，使其能更迅速地从前沿基地起飞、响应部队召唤（海军陆战队甚至将这种战术飞机视作其地面炮兵火力的延伸）。

除了这些战机外，地面力量更多地只能依赖有人战机，但后者每天都要花费其绝大多数在空时间用于往返于巡逻空域和后方基地之间的飞行过程。而且，飞行员们执行任务时间越长，也越易疲劳和失误，这不仅导致故障频发，有时也带来友军火力误击的问题。虽然说人的判断总会存在过失，但尽可能地减少人为失误总是不错的。

此外，要尽量利用有人战机保证前线支援任务。考虑到飞行过程中耗费的时间，那么就需要更多的战机以及更多的飞行时间，这样一来，对后勤补给和装备维护保障都提出了更多要求。对于在广阔地域内遂行反恐任务的地面部队来说，空中掩护极其重要。实际上在作战过程中，为应对高度灵活的恐怖组织武装，美军不得不将力量分散，减少部队携带的重火力数量以保持高机动性（而以往正规地面战争中，要保持部队的火力，就不得不牺牲其机动性），地面重型支援火力部队往往很难起到支援作用，而空中支援在很大程度上替代了这部分支援火力的作用。战争实践表明，机动性本身也是一项主要的优势，因为它可迫使敌方以更快的节奏与己方交战。

X-47B 拥有两个内置式武器舱，其大小尺寸与 F/A-18 相似。它也能在舱外挂载武器，但这是以牺牲其隐形性能为代价的。（诺斯罗普·格鲁曼公司）

两支对垒的军队，如果双方保持类似的攻防能力，但一方具备更为明显的机动性优势，另一方的军队就只能在长期的对抗中不断消耗并最终崩溃。因此，无论让地面部队舍弃重型火力保持灵活性，还是利用空中力量作为火力支援的支柱，都是保持部队高机动性的方式。从这一点看，时刻保持支援战机在战场上空盘旋或处于攻击位置，的确是非常重要的。

美国军事力量现在对空中力量的这种需求，恰恰正是由无人空中作战飞行器所组成的空中集群所能提供的。空中集群通过空中加油机实现优异的滞空性能，其携带的各类武器也能提供灵活的打击方式。如果交战爆发在近海空域，由航空母舰搭载的传统有人战机也能提供这种能力。但我们会发现，能够利用航空母舰进行支援的战场条件并不适用于所有可能进行交战的区域，更多时候，有人战机不得不飞行较远的距离到达战区。未来，敌方可能拥有远射程的反舰武器系统，这也使航空母舰无法过于靠近战区。即便没有这种威胁，在阿富汗的例子也能说明问题：部署于阿拉伯海的航空母舰搭载的有人战机也不得不来回飞越数百英里，以执行阿战场空域的支援任务。

至于认为"美国只有在能够提供靠近战区的基地、后勤设施的伙伴国或盟国，才会展开军事行动"的观点不值一提，现实中也绝非如此。比如，在"9·11"事件发生后初期，阿富汗的邻国对于为美军提供必要的基地设施态度勉强，2003年针对伊拉克的第二次海湾战争也经历了类似的情形。1990—1991年的第一次海湾战争经验表明，美国有能力独立集结大规模海空兵力实施对伊作战，正是这种独立作战能力使海湾国家允诺提供基地设施；阿富汗战争经验则进一步表明，尽管美军享有距离战区1500英里范围内的作战基地网，但若要将基地拓展到阿国周边，事情就会变得非常复杂和困难。有时，即使美军已享有使用权的这些基地，也无法提供更多的作战支援，例如，有的基地可供大型非战斗飞机使用，如加油机或侦察机等，但如果要在此部署使用战术作战飞机就会带来很多问题，包括战机在战区滞空时间过短等难题。

对页图：无人飞行器并不会产生飞行员疲劳等问题，影响它们滞空时间的仅是其油料装载量和系统可靠工作时间。因此，大型监视用无人飞行器也越来越被视为现有有人驾驶侦察机和天基侦察卫星之间的过渡形态。由于享有这些优势，大型无人机常在感兴趣的空域徘徊、逗留（当然，长时间在敌方空域飞行也易遭到敌方攻击）。现在，随着系统可靠性提升，油料储量就成为重要的限制性因素，因此无人机的空中加油能力也就越发重要。图中为一架"全球鹰"无人侦察机正在试验进行空中加油。（诺斯罗普·格鲁曼公司）

无人飞行器空中集群的战术启示

2013 年底，无人空中作战系统验证了空中加油能力，在本书写就之时，美国国防部先进项目研究局（DARPA）已承诺近期利用大型的"全球鹰"（Global Hawk）无人机验证空中加油能力。对美国海军来说，考虑到无人平台的空中加油能力，它能在敌方大多数反舰武器和传感器的作用距离之外，同时支援空中集群尽可能地靠近潜在目标。面对这样的威胁，敌方的注意力将不得不转向应对这些由隐形无人平台构成的空中集群，而它也将担负起吸引、反击、摧毁敌方主要防空力量的作用。单独控制集群中各个飞行器与将集群作为一个整体实施指挥和控制截然不同。至于在战区空域持续地维持力量存在、夺取并保有制空权，对于空中战场来说，也是一个较新的命题。过去，单架飞机要维持在特定空域的存在，与其基地到空域之间的距离直接相关，要保证对某一空域较长时间的空中控制，就必须动员大量的飞机，其成本难以想象。第二次世界大战末期的 1944 年，美国也曾大量使用重型轰炸机轰炸德国本土，

2000 年爱德华兹空军基地的 RQ-4 "全球鹰"。美国空军作战指挥机组人员正在进行远程操控。（美国空军）

以拖住纳粹空军，防止其对盟国在法国的登陆行动造成影响。即便以当时美国对德国的空中优势，仍无法保持空中随时都盘旋着盟军的作战机群，德国本土空军仍能升空对在法国的驻军进行支援。但是无论如何，现在我们都不太可能像几十年前那样，配备如此数量的有人战机了。失去了数量支撑，仅靠有人战机在战区上空实现持续的力量存在根本不可能。在阿富汗，虽然也用总量中的一小部分有人战机，大致实现了不间断的空中存在，但这是由于反恐战争的特殊性所决定的，战场上美军机动作战部队更多的时间是用于发现、威慑敌人，真正的交火持续时间并不长，规模也较小，空中支援战机很少在一次任务中连续攻击数个目标。如果将恐怖组织换成一支更为现代化的武装，那么以美军在阿富汗采用的空中作战模式，甚至连制空权都无法保证，更别说进行有效的空中支援了。

由于现在越来越多的无人空中作战飞行器采用低可探测性设计，使得由这样的无人平台所组成的空中集群在敌方防空系统的直接威胁下保持存在成为可能。无论技术如何发展，想要达到完全、彻底的隐形并不现实，但要探测、跟踪采用隐形设计的无人飞行器可能需要花费更大的代价，再加之敌方的防空资源也有其极限，那么广泛采用应用了隐形技术的无人平台组成空中集群就具备现实意义了。而且，运用无人空中集群在敌方空域作战，迫使敌方将攻防的注意力转移到它上面，也在相当程度上减少了敌方对其他美国军事资产的威胁。虽然技术和时代赋予了无人空中作战飞行器广泛的性能优势，但我们并不能认为它们将全面、彻底地取代有人战机，在一些特殊、敏感的作战背景下，飞行员的判断和直觉仍非常重要，特别是在既非完全和平（除非故障，战机根本不会被击落）、也非明显是战时（任何空中飞行器未能对敌我识别信号作出正确应答就会被对方击落）的战场环境中，飞行员仍然无可替代。例如在既不算和平、也不算战争的冷战时期，类似飞行员在对峙的最后关头取消开火，从而避免引发更大规模冲突的例子比比皆是；相反的例子如1988年的"文森斯事件"[7]就表明，在缺乏人类判断的前提下，盲从早期机械化的自动控制系统会带来怎样的灾难。即便未来技术进一步发展，可以想象无人空中作战系统仍无法完美地应对此类不战不和的作战环境，其判断和决策能力更多地集中应用于战时条件，例如判断指派攻击的目标等。

理论上，一架具有隐形特征的无人飞行器可以飞临距攻击目标足够近的位置投射精确制导弹药，例如由 GPS 制导的短程炸弹。只要它具备精确制导能力，那么无论其射程远近，都可达到较好的攻击效果。如果配备射程更远的防区外弹药，那么无人空中作战飞行器就能从大多数复杂的防空系统攻击范围外发起攻击。以往的防空战例和经验表明，即便是最先进的防空系统，在遭到饱和攻击时也非常脆弱，特别是当无人平台在攻击之初施放诱饵后更是如此。现代防空系统一次可跟踪数百个目标，但真正能攻击的却只有数十个目标，毕竟其也仅有这么多数量的待发射导弹，在面对一次大规模攻击时 [8]，它将很快耗尽其火力。这也是为什么在 20 世纪 80 年代，美国海军面对苏联远程轰炸机发动的大规模导弹饱和攻击威胁时，更加聚焦于"射手"而非"箭头"的原因；也正是在这一时期，能够与数百个目标交战的模块化"宙斯盾"系统成形，并成为美国海军舰队防空的主力。对于所有可在防区外攻击的系统来说，这样的攻击将迫使对方将更多的精力和资源消耗在前者发射出的"箭头"上，从而掌握主动。隐形空中平台可大幅降低任何防空系统的有效交战距离，但如果战机飞得足够接近而又未能解除防空系统的威胁的话，那么防空系统也有机会对隐形战机进行有效跟踪和锁定，并引导防空导弹将其击落（如 F-117 战机被塞尔维亚防空部队击落）。当然，隐形飞行器并非无懈可击，采用甚高频（VHF）等低频率雷达，仍可在较远的距离上探测到隐形平台，但以现在的技术也只能提供预警信息，而无法提供用于精确拦截和交战的作战信息。

事实上，美国进行的伊、阿反恐战争是最适宜验证由无人平台组成的空中集群的场景。在两场战争中，第一步是摧毁敌国的防空系统，前文所描述的空中集群战术和技术将用于消耗、抗击进而摧毁敌方有限而昂贵的高级区域防空系统 [9]。一旦达成这一目标，敌方的防空能力将主要限制在数个要点地区，且主要以无制导的高射炮火为主，其大部分空域将较为安全。从无人空中作战飞行器的角度看，它们也就能挂载更多的弹药（例如不惜破坏其隐形性能而在舱外挂载弹药）用于执行攻击任务，这也是交战时大多数传统有人

上图：集群的使用概念更容易应用于小型无人飞行器上，这类由小型飞行器组成的集群中，每个无人平台完成特定的、单一的任务，但综合所有平台的力量便能达成设计的最终任务。集群的控制者无须干涉其中单个平台的运作，而只需让整个集群执行指令（如在给定的位置攻击某一目标），再由集群自身确定如何实施具体攻击行动。这种集群运作概念与美国海军为其舰只防空系统开发的协同式交战能力（CEC）非常相似。图中微型飞行器为航空环境公司开发的"黑寡妇"超小型无人飞行器。（航空环境公司）

战机的经常性配置。两者的区别主要在于无人空中集群的滞空时间更长，其消耗敌方防空力量和资源的速度更快。传统战机受种种限制，只能短时间在战区逗留，不得不花费更多的时间往返于作战区域和后方基地之间，而无人机群则能轻松地反复攻击同一个目标。

无人飞行器控制

现有的无人空中作战系统［如可携带"地狱火"（Hellfire）空地导弹的"捕食者"（Predator）无人攻击机］是目前无人飞行器的武装延伸型号，或者将其视为更为灵活的制导导弹。除了可多次重复使用外，在本质上，它与战术型"战斧"导弹并没有多少不同，后者也可在战区空域徘徊，等待攻击指令以射向特定目标。如果一枚战术"战斧"巡航导弹能施放其弹头并返回后方重新补给，那么也可将它看作无人空中作战飞行器。

相反的是，可进行类似"神风式攻击"的无人飞行器也可看作一次性使用的导弹。这两者之间具备一定的相互转化性，例如印度就曾以其开发的无人飞行器为基础，将其改造成为巡航导弹。

　　这两类飞行器一些相似的特征意味着，武装的"捕食者"无人机可有效地发射导弹攻击目标，但这仍是由坐在控制台上的操作人员完成的，后者监视着飞行器视频摄像头所拍摄到的战场场景，并决定是否交战。在这种由操作人员主导的无人机交战模式中，操作人员的数量显然就成为无人系统交战时的限制性因素。特别是在敌、我、友及中立目标混杂的战场环境中，无人机操作员必不可少，其原因在前文中提及过。如此看来，现在的无人机操作者更像是狙击手，他们都通过一定的设备（狙击镜或无人机上的视频摄像头）鉴别目标，最终决定是否扣动开火的扳机。

　　单架无人空中作战飞行器可以此方式来进行操作，但这种操作模式中，一同装载于无人平台上的传感器和武器系统未直接相连，两者之间必须以操纵人员为中介才能实施开火交战。美国武装力量现在强调、追求在短时间内连续或同时与大量目标交战的能力，为达到此目标，现在的做法是将感知与攻击功能分离开来（尽管攻击

下图：战术型"战斧"巡航导弹也可视作一次性使用的无人攻击飞行器，作战过程中，它可在战区空域进行时间有限的徘徊，以等待操控者的攻击指令；它也可将侦察、探测到的战场信息通过Link-16数据链回传给指挥控制中心，由后者进行判断和决策。照片摄于2002年加州"中国湖"，一架F-14战斗机伴飞着一枚"战斧"导弹。（美国海军）

平台也配备有传感器，具备一定的感知能力），如此使得攻击平台能够专注于在短时间内连续应对多个目标，而判断如何攻击及具体攻击目标时，则基于综合多类传感器的探测信息。大量集中使用这类专司攻击的无人平台，所能够同时交战和应对的目标数量就会超过以往。

新技术在战场上为我们提供了关键性的优势，使我们能够随时都处于"猎人"而非"猎物"的位置。目前，遍布整个战场空间的传感器将为我们提供任何目标的任何动向，我们可以令导弹或平台先于敌方目标到达预设交战空域，等待预先确定的目标进入攻击范围，使我们能够尽可能透明地掌控战局；也可以在众多目标中找出感兴趣的目标，并在不给对方过多警示征兆的前提下迅速对其进行打击。此外，面对这样一个由多种无人平台构成的空中集群，敌方目标也可能意识到了危机，并可能会随机地改变其行动规律和路线，而如果缺乏各类传感器组成的立体态势感知能力，精确打击它们的能力就会削弱，反之，它们要逃出此类立体侦察监视网络的感知也是非常困难的。从一定程度上看，反恐战争更加强调对个体的攻击，这主要是由于敌方所构成的战场网络非常初级，也不成体系，我们向全面立体感知能力迈进的每一步，反过来也会促进我们形成持续性的空中力量存在，并加速同时与大量目标交战能力的成熟。

现代战争早已进入了导弹的时代，战争或战斗进行的节奏很大程度上已转化为能以多快的速度与目标交战，或者说转化为能以多快的速度使对方的作战系统饱和或超载。而无人空中作战系统的出现将以"饱和—反饱和"思路为代表的导弹战争时代转变为武装无人平台系统对抗的时代。在导弹战争时代，抗衡敌方大规模饱和、超载攻击的关键在于为导弹提供更关键和精准的引导信息，使其无需持续的、占用系统过多时间的引导。事实上，美国海军的"宙斯盾"防空系统正是这一背景下的产物，其系统设计思路和反饱和攻击能力至今仍无法被超越。"宙斯盾"系统发射出的导弹不用系统始终对其进行引导，它们只是周期性地接收制导指令，如此"宙斯盾"火控系统可以分别引导多枚导弹同时攻击来袭目标。这一思路正是类似"宙斯盾"这类的反饱和攻击防御系统成功的基础。此类系统中，技术上的关键在于可编程的自动驾驶、控制系统，它们可遥控重新设定参数，在飞行途中改变状态。一艘"宙斯盾"战舰为抗击同时来袭的多个目标，发射多枚导弹迎击，"宙斯盾"雷达连续地跟踪目标和升空的导弹，通过周期性地给予导弹弹道修正指令，让导弹在飞行轨迹中不断改变状态以便尽可能地靠近目标；在导弹飞行命中弹道的终端时，"宙斯盾"系统的照射雷达才开始为导弹提供更精确的引导指令，直至导弹最后命中目标。其他类似的防空系统，如欧洲的"主要防空导弹系统"（PAAMS），其导弹也是在进入弹道末端时才开启自身的引导头。考虑到导弹相对有限的智能和自主能力，这种周期性分时控制引导的方式将是应对多目标复杂场景的重要方式。

对于无人飞行器而言，情况似乎更为复杂。现在，我们已能为单个飞行器平台编制相应的程序，使其能够飞行到潜在目标附近空域，或者在某一空域盘旋以便操作者进行监视和观察。在这种模式下，无人平台要进行快速交战的明显障碍在于操作者的注意力只能集聚于某一平台。此外，还有一个不太容易注意到的问题也损害了平台的快速能力，就是平台的飞行计划都是根据其任务特性和要攻击的目标单独定制的，当飞行器在基地完成飞行程序编制和输入，再从基地起飞奔赴行动空域时，就已经造成了实质性的延迟。想象一下，当无人平台操控人员决定让其攻击一个先前未计划的目标，会发生什么情况？首先，飞行器在基地被预先输入飞行计划和攻击目标等参数，接着平台起飞按计划奔赴战区，此时，如果地面的指挥官发现了更为重要的目标，便指令平台放弃先前的飞行攻击计划，转而攻击新的目标，虽然飞行平台也可在空中实时地更新飞行计划和攻击目标参数，但这牵扯了操纵人员大量的精力。这种模式完全谈不上灵活和高效，它也能发挥一定的作用，但无法对所有临机的目标作出迅速反应。无人平台如何才能更有效率地与目标交战？其交战模式怎样才能完全运用和发挥无人平台所具备的特殊性能？

与有人驾驶的战机相比，无人系统最为显著的优势在于它不会出现飞行员因疲劳而导致的误差和失误，只要保有充足的油料，让其机件能够继续正常运转，就可以保持极高的出勤率，特别是在与对等的对手进行高强度的海空交战时，这一特性将为己方带来极大的优势。而且正如前文所提到的，如果无人平台具备成熟的空中加油能力，并采用可靠的低可探测外形设计，令其不易被敌方击落，那么它就能长久地在战区空域保持戒备态势，令敌方如鲠在喉。现在美国海军新开发的无人空中作战系统正具备上述特性。此外，由于抛弃了传统飞行员座舱以及其附属的设备，平台更易于采用低可探测设计（隐形设计），同时还能以较小的外形尺寸实现同类有人战机的技术性能，在面对敌方先进防空系统时，其生存率也就更高。同时，现在开发中的无人平台从一定程度上看，主要依赖外部传感器网络获取相关信息，在作战时能避免因自身信号泄露而被对方探测到。对于以侦察、探测为主要任务的无人平台，无人化的设计也易于为其填充更多的传感器，搭载一定的自卫武器系统。

可以想象，运用无人平台作战的最佳模式就是令己方无人机长时间地盘旋在战区空域，将区域内任何可能出现的潜在目标都纳入其实时攻击范围。现在，美国武装力量的无人空中作战飞行器已个别地实现了这一设想，如"捕食者"无人机。但是美国的这种能力在演化之中，其最终方向就是前文提及的攻击和传感功能相分离，使攻击平台得以在网络化的作战环境中随时获取必要的信息，从而专精于各类攻击任务。这样一张由多种传感器平台构成的立体态势感知网络本身也会给敌方造成严重的问题，面对随时随地的监控，他们不得不花费大量的精力来隐藏其实力或意图，而不是集中力量来进行攻击性行动。而且，在这样的立体侦察、监视网络中，敌方也不知晓其何种行动会招致实时的攻击，他们必须时刻处于戒备状态，这样持续的时间越久，他们就会越疲惫，也更容易暴露出弱点。

一体化系统

现在，我们假设一下将武装载具平台、传感器网络以及操控决策者整合成为一体化的作战系统，它具有三项主要的指挥控制功能：其一是融合传感器回传数据，连续生成详细的、可用于目标引导的战场态势感知图；其二是能决策攻击某个具体目标以及如何、何时攻击；其三是为武装载具平台制订行动计划，指导其完成

対页图："捕食者"无人机是美军装备的第一种无人空中作战飞行器，也是美国武装力量诸多无人机运用"第一次"的创造者："9·11"袭击事件后，美国空军的同类飞行器是第一批进入阿富汗空域遂行侦察任务的飞机，它率先完成搭载并发射"地狱火C"空地导弹的试验，并在实战中首次用该导弹进行了对地攻击。它还有一个改型，代号为MQ-1L，与原型相比，其机翼翼展更宽，换用了新的发动机和航电设备。与能够进行空中集群编组和作战的无人空中作战系统相比，"捕食者"只是模拟有人战机的作战使用模式，其飞行全程由操纵人员控制。2008年，美国空军专门开发了一种无人飞行器操纵座舱专用于其指挥和操控。（作者收集）

任务。在这三项功能中，前两项内容是人类所天然具有的能力，最后一项任务计划功能则越来越多地由智能系统自主完成，而这项功能也最为烦琐和费时。以无人空中平台为例，任务计划通过地面控制中心向平台进行数据传输，在没有突发状况时，操控人员无须干涉，但是一旦出现了需要紧急应对的目标，操控人员就可将判断和决策通过指令发送给最适宜执行紧急任务的平台，再由后者进一步采取行动。

随着计算机功能越来越强大，原本只能由控制中心计算机完成的计算任务现在也能由机载运算单元完成，那么由何处的计算机来执行某些运算功能的差别也就不再明显了。现在最新型的无人空中作战系统在设计时，采取的思路就是尽可能少地对系统内的不同无人平台进行细节性的控制，如此，操控人员就能将精力集中于前两项需要大量不完全采用逻辑思维进行判断和决策的功能中。如今无

从这张图片中，我们可以看到选装在通用原子能公司RQ-1"捕食者"机翼前边缘上的除冰系统的深色条纹。（通用原子能航空系统公司）

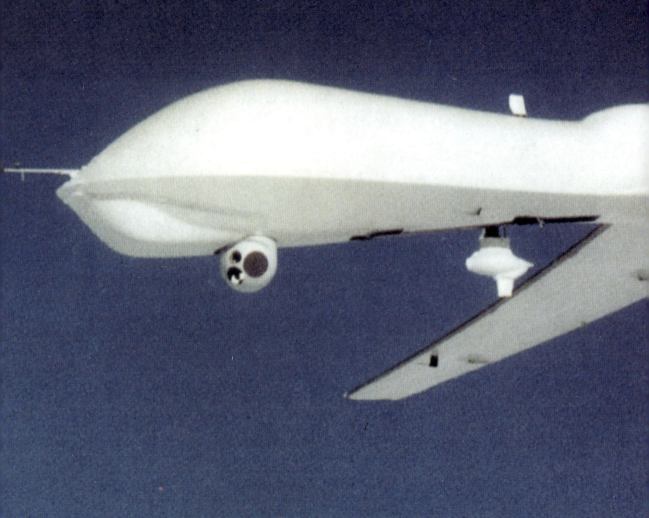

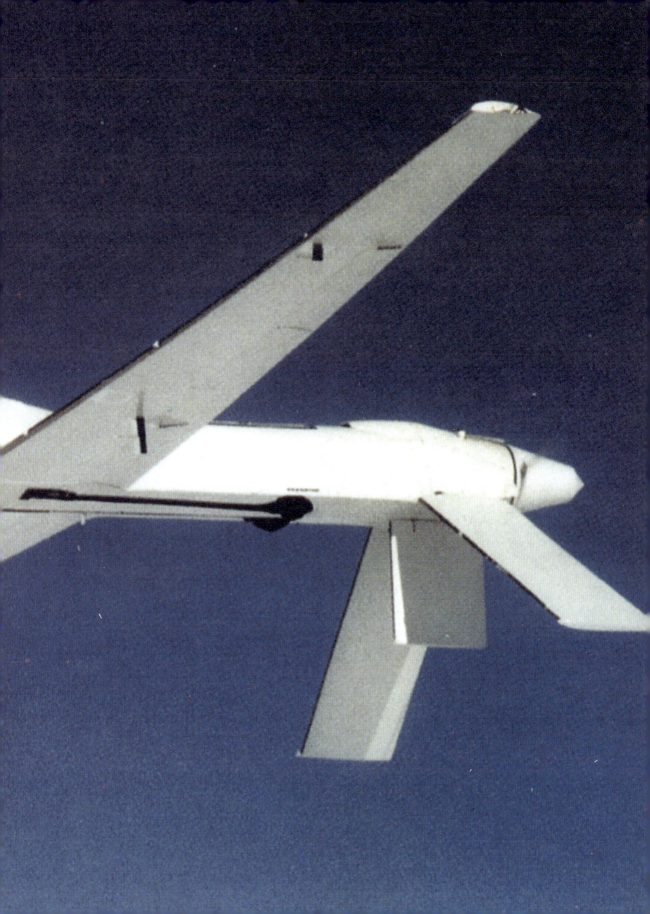

人平台所搭载的计算单元已有足够的运算能力进行复杂的任务规划计算，例如为其指定一个具体目标后，它就能规划出最佳的行动方案。由大量具备这种规划能力的无人平台组成空中机群，它们之间又能够相互数据通信的话，就组成了前文所提到的空中集群，这也将成为未来空中力量作战行动的基本单元。

空中集群中的各类飞行器在收到攻击指令后，将会相互通信以比较各自的状态，如距离目标的远近、平台油料剩余量以及剩余的武器系统性质对于任务是否合适等，如此来决定最适宜完成任务的飞行器。在明确了攻击平台后，此平台即开始进行任务规划，制定出合适的攻击方案。操控人员和作为整体的集群之间的数据通信联系主要集中于是否进行打击、何时进行打击以及目标选择、优先打击顺序等领域，而不必像现在一样为集群中的某个平台指定具体的攻击目标；至于将集群作为一个整体，则意味着集群中并没有负责控制、协调功能的专用平台，操控人员向集群中的一个平台下达指令后，通过平台间的相互通信，就使所有平台都得到相应的指令。当然，操控人员也可对集群中的某个平台进行具体控制，但只有在一些特殊情况下才会如此[10]。操控人员将集群作为一个整体来进行控制，这种指挥控制模式又称为"基于状态"指控模式，可应用于对其他由大量单元组成的复杂系统进行控制，操控人员对集群主要发挥监督者和决策者的作用。美国海军现在也在很大程度上以这种方式使用其攻击导弹，指派操作人员对发射后的导弹进行监控，但并不连续地对其进行操作，导弹在大多数情况下自主地完成跟踪锁定，只有在命中目标前的最后阶段受到操作人员的干预。这样看来，无人空中作战飞行器也是当前智能化导弹的一种拓展。

将注意力聚焦于空中集群将改变传统的无人飞行器作战模式。集群持续地存在于特定作战空域，整套系统的作用就是维持集群的存在和打击功能，这意味着集群中各个平台将根据自身油料、弹药消耗情况以及出现的故障等，自行返回后方基地补给和维修，而非整个集群同时出发或返回。如此看来，某个具体平台在集群中的存在时间主要取决于平台的平均故障时间（MTBF）、弹药消耗量以及空中加油支持等因素。

　　无人空中平台的集群行动模式通常也要求操控人员尽可能少地对集群中各个平台的动作进行干预，这是因为集群中各平台的协作方式，使得操控人员对具体平台的远程遥控很难达到预期效果，有时只会干扰集群正常的行动。一个集群作为一个整体，通常只需要由一名操控人员进行监控，它既可集中在小范围空域内密集行动，对特定目标实施不间断集中攻击，也可分散分布在广阔的空域内对作战区域内的多个目标实施连续、同时的破袭，抑或在指定空域保持待机状态随时等待控制指令。在对特定目标实施集中攻击时，会很快耗尽集群内各平台的弹药储量，但有时针对高价值的目标，值得用此方式一试。

　　从某种程度上看，集成的无人空中作战飞行器可被看作滞空待机时间更长的巡航导弹，但与后者相比，前者可以重复使用，并且还能通过空中加油实现长时间的连续滞空巡航。当然，利用无人空中作战系统组成空中集群的作战概念，也可从过去海军大规模使用有人战机和导弹的经历中得到经验和指引。冷战期间，美国海军航空母舰战斗群在苏联轰炸机、攻击机密集出现的地区行动时，总是保持其舰载机高强度出动，这些由有人战机组成的空中集群配备有各式空对空、空对面导弹武器，使舰队能对随时出现的苏联战机作出反应。由于苏联的空中反舰机群会随时伺机出现并找到导弹发射窗口，因此，时刻维持空中力量存在便极有必要。在此类对抗场景中，舰队航空指挥机构为升空战机指定目标，与为无人空中集群指派目标相类似。但运用有人战机组成空中集群本身也有不少问题，其中最大的难题在于维持一个由战斗机组成的空中集群在战区空域巡航（作战空中巡航）经常受油料余量的困扰，而且巡航空域距航空母舰越远，这一问题也越突出，与此相比，飞行员的疲劳问题反倒不那么重要了。也许，有人认为可利用加油机为集群补充油料，但由于以航空母舰为基地的空中加油主要以伙伴加油（把舰载攻击机改装成加油机，其可供补给的油料较少，通常只能为另一架战机补充）为主，因此这一办法并不现实。又因为必须要随时维持必要的空中力量存在，折中的办法就只能是减少集群中战机的数量，以更高的频率替代集群中不得不返航的战机。有时，来不及派出战机来应对某一方向袭扰的敌方目标时，就只能依赖舰队中巡洋舰或驱

小型无人飞行器也可具备长航时特性，它们能提供对战区的持续监视能力，而非攻击能力。基于功能分离的目标，将无人空中集群区分为侦察探测集群和攻击集群较有必要，前者因不必挂载武器，可以制造得更小、隐身性能更强；而后者的作战行动则在前者的战场态势感知基础上进行。图中照片摄制于 2005 年美国海军无人飞行器展示会上，从前到后、自左而右各型无人机型号依次为 RQ-11A "渡鸦" "进化" "龙眼"、NASA "飞行控制试验平台飞行器（Flic）" "大角星 T-15" "云雀" "燕鸥"、RQ-2B "先锋" 以及 RQ-15 "海王星" 无人机。（美国海军）

逐舰搭载的区域防空导弹，例如"宙斯盾"系统发射的"标准"系统防空导弹，这种导弹亦可由长航时的战机引导。当这类飞机升空并靠近目标后，总能吸引敌方空中力量关注，正如无人空中作战飞行器靠近其目标后，也总能比舰基发射的巡航导弹更加吸引敌方的注意[11]。

所有这些都意味着，配备有导航及数据链系统的单架无人平台需要有比传统导弹更智能化的指挥控制能力，它可以回传当前平台的位置，以便在需要投射弹药时得到必要的引导，但更重要的是集群能够自主地完成对复杂任务的规划和设计。如此，它需要一种沟通后方指挥控制中心与集群中其他平台的数据通信系统，将原本由地面控制中心完成的方案规划任务分解到集群中的各个无人平台节点上，由后者按照时间和任务进展协同完成方案规划制定。这也是分布式系统所要利用的分布式数据整合能力，以此减少对地面控制中心的计算功能的依赖，实现智能计划、自主行动、减少人工干预的系统功能。

无人空中作战系统可配备多类传感器，例如成像雷达、红外被动监视设备或紫外线扫描设备等。理论上，这样一套多传感器组件能够胜任大多数攻击任务，同时它们也能被用作侦察探测用途，其获取的数据在经融合、处理后也可用于更新态势感知图，为其他飞行器所使用。但是，对于一个地域更广泛的大战场来说，利用无人系统的传感器组也只能获取关于局部地区的态势感知情报，因此利用其获取数据与其他来源的情报进行融合，例如天基航天器的侦察情报，以及其他多种来源的电子支援（ES）和电子情报（ELINT）就极为重要了。

无人空中作战系统发展展望

前面我们看到了无人空中作战系统令人着迷的未来，但我们何时才能达到描述中的应用程度呢？答案是还有很多难题需要解决。我们已拥有大量操控单架无人飞行器的经验，其中一些飞行器装备着各式武器，执行着传统有人战机的攻击性任务，那么随着技术继续进步，在未来几十年里何时才能真正实现无人平台的空中集群式作战呢？至少，现在的争议只是"何时"，而不是"能否"。

就空中无人平台集群的整体式指挥控制而言，现在一些巡航导弹，例如战术型"战斧"导弹，已具备了这种指挥模式的雏形，采用了一种混合了预先计划和人为控制干预交战的模式。每枚导弹在发射后，并不是马上展开攻击行动，而是在目标区域徘徊等待指令，收到指令后它才开始进行攻击；如果没有指令，在燃料耗尽后导弹就将自毁。导弹在等待指令的过程中，并没有独立的操控者对其进行全程控制，只是在需要时才得到指令。实际上，在水面舰只上所运用的整体式指挥，决定了在空中的数枚导弹中，哪一枚最适宜完成操控人员希望完成的任务。与舰船相比，无人空中作战系统要更为自主地完成任务，就需要其控制系统的控制质量有飞跃性的提升，使其能依赖本身及其他平台上的分布式的判断、规划系统，完成所需的更加复杂的计划规划和策略选择，而不是像现在全部依赖地面控制中心的遥控。此外，通过对现有经验的合理外推，也可发现减少空地之间的通信量也非常有好处。毫无疑问，通信带宽总有其限度，全部由地面控制中心遥控大量无人机将导致地面中心成为巨大的电磁辐射源，同时能够指挥的平台数量也会受到带宽限制，而由集群中各个平台相互通信，减少与地面的通信量，会使得控制中心和无人平台更不易被敌方探测。

自从战争进入了精确攻击的时代以来，我们已通过 GPS 制导向目标精确投掷了无数的弹药，这也使我们意识到另一个问题：离开了 GPS 我们还能像往常那样高效地作战吗？对于新兴的无人空中作战系统，我们也希望它能够具备在无需 GPS 支持的条件下精确作战的能力。对于无人系统来说，这并非很不寻常。由于可以更加接近目标，无人平台可以轻松地利用其他制导手段，如激光制导等。涉及无人系统的另一个问题，就是它永远都不具备人类飞行员在任务过程中表现出的灵活性和创造性。很多飞行员在看似不可能完成的任务中表现出了极强的创造力，利用自己的聪明才智解决了很多困难的问题。例如，第二次世界大战时期，盟军轰炸机驾驶员为了有效攻击层层防护的德国水坝，采用高空俯冲后再拉起投弹的方式，使炸弹跳过水坝蓄水一侧坝体的防弹网，成功完成了破袭任务。但类似经典成功的战例非常少，当飞行员们的经验也日益程序下图：X-47B 无人空中作战飞行器在实用化过程中面临的一个挑战就是上舰操作。传统舰载机飞行员通过飞行甲板上空勤人员的手势完成各项操作，上舰后的无人机显然无法再用这种办法在甲板上移动，必须要对空勤人员的手势进行改良，例如戴上特定颜色的手套、简化手势动作等，同时也要为无人机开发识别软件，使它能够识别空勤人员的手势，在甲板上完成相应的动作。（诺斯罗普·格鲁曼公司）

化，成为无人飞行器控制系统中的备选模式时，昭示着无人空中作战系统即将成为新军事革命的主角。在军事技术史上，所有主要的变革都意味着一种新兴的、不同寻常的能力，虽然一开始这种能力可能并不重要，但随着时间推移，人们会逐渐认识并接受它，无人作战系统也不太可能例外。现在看来，其优势远超其不足。

要使无人空中作战飞行器成功上舰，还有远多于其自身技术障碍的问题需要解决，例如在天气恶劣和夜间情况下，航空母舰回收战机时采用一套自动系统来引导战机着舰降落；民航客机驾驶员也可在不观察外界环境的条件下，利用仪表进行盲降。但现有的这些系统对于无人平台来说却并不适用。幸运的是，这些助降系统的存在本身就意味着专门为无人机开发一套助降系统是可行的。美国海军现在正在试验中的无人空中作战系统要舰载化，还有两项难题需要解决：一是空中无人平台的空中加油，二是完善配套的甲板动作。相比之下，前者更为重要，它可确保无人机的长航时优势更为明显。现在美国海军已启动了相关计划准备在未来验证和开发这种

能力。甲板动作虽然现在还缺乏成熟的系统，但也不乏替代方案，例如无人机在飞行甲板上不再采用自动化工作模式，而完全依赖空勤人员的人力来搬挪。在 X-47B 之前，美国海军为使无人机上舰，先后试验了多种无人机，如诺斯罗普·格鲁曼公司的 X-47A "飞马座"（Pegasus）和波音公司的 X-45A 等，它们在上舰试飞的过程中展现出无人平台良好的空气动力性能和配置的可控性。一旦无人机真的适应了舰上的行动和任务，可以预期，由于其任务时间相对延长，其维护保养的频率将比现在低很多，甲板上空勤人员的负担也将下降。当然，由于类似 X-47B 这样的舰上无人平台尺寸小于现有的有人舰载机，航空母舰将能够搭载更多数量的无人机。

注释

[1] 由无人飞行器组成机群或集群遂行任务的概念已在相关的作战和试验环境中进行了验证。2009 年月 1 月，《航空周刊与空间技术》杂志报道称，美国海军已完成了由无人飞行器机群、地面无人车辆以及无人值守传感器进行自主作战和运行的试验。试验中各类无人装置利用 EdgeFrontier 网络中间设备，采用澳大利亚矢量研究中心（AVRC）开发的群集算法，根据操控软件中设定的作战运行规则和策略运作。事实上，早在几十年前，美国海军的"宙斯盾"防空系统就已采用类似的自动决策模式，它主要利用各种规则来判断并决定显示哪些目标（在自动模式状态下）以及哪些目标构成更急迫的威胁。

[2] 有关"网络中心战"更详细的研讨，可参阅本书作者的另一本著作《网络中心战：海军如何在第三次世界大战中更具智慧的战斗》（安纳波利斯海军学院出版社，中文版航空工业出版社出版）。

[3] 可将这种分布式的指挥控制模式想象成"宙斯盾"级战舰所具有的协作式交战能力（CEC），它具体包括目标威胁评估和武器分配功能元素。但是，由于伦理、技术等方面的原因，战舰指挥官拒绝承认"宙斯盾"的火控系统作为一个整体能够自主地进行判断和决策，向特定目标发动攻击，使这一更为智能化的

2013 年 11 月,在"西奥多·罗斯福"号核动力航空母舰的甲板上,外形类似蝙蝠的诺斯罗普 – 格鲁曼 X–47B 无人机准备起飞。美国海军尚未决定是否继续研制为侦察和打击任务专门优化的实用型号。(美国海军)

作战模式的潜力并未被彻底认识（"宙斯盾"系统仅在极少数对指挥时效要求非常高的作战场景中运用全自动工作模式，在大多数时间充裕的作战场景中，仍由操控人员或指挥官决策进行反应）。而无人空中作战系统由于在设计时就将智能化的作战能力作为设计重点，故而并不存在原先"宙斯盾"系统所遇到的问题。

[4] 立体防空体系显然由战斗机和地（海）对空导弹共同组成，其中防空战斗机担负了防御任务，它们能在己方防空系统作用的范围外阻绝敌方攻击战机，防止后者利用远射程的防区外武器攻击己方防空导弹系统或指挥控制中心。一旦攻击战机进入了双方空射武器的攻击范围，防御战斗机就成为其主要威胁。这一击破立体防空体系的作战模式在 1991 年的第一次海湾战争中已发展得极为成熟。当时联军运用多种手段摧毁了伊军防空指挥中心，使后者无法协调其战斗机和防空导弹部队协同作战。在指挥中心遭到破袭后，伊军防空战斗机由于害怕遭到己方防空导弹锁定，而无法自由地在空中巡逻作战。

[5] 无人空中作战飞行器也能够从空对空武器的演化中受益。过去，战机仅能携带射程较近的空空导弹，发射时也需要机载火控雷达支持。而现在无人空中作战系统中的飞行器可能也配备自己的雷达探测设备，但现代技术使其兼具空对空作战及空对地作战两种模式成为现实。第一次海湾战争期间，海军战斗机就有这样的战例，两架 F/A-18 组成的攻击小组最初被指派攻击伊方地面目标，在飞行途中遭到伊军米格战斗机拦截，两架战机迅速转变为空战模式后与敌机交战，消除威胁后再次转换为对地模式，顺利完成任务。现在，更可能的情况是，战机根据其他来源的情报支持，在未进入机载传感器探测范围时就发射一枚导弹，例如"阿姆拉姆"（AMRAAM）空空导弹，在情报支持下，导弹朝着预测敌机出现的交战空域高速飞行，在进入预期交战位置后，导弹开启自身的寻的头，快速完成探测、跟踪、锁定，直至最后击毁目标。在这种交战模式中，外部来源的情报既可能由早期预警机提供，也可能由其他侦察探测平台提供。如果有足够的情报信息支援，这种攻击将非常可靠和高效，而

在缺乏这种情报支援的条件下，战机自身搭载的传感器将作为备份并发挥作用。装备了此类空空导弹系统的无人空中作战系统，其所具有的自卫能力对整个空中集群而言是非常重要的资源，这是因为空中集群在吸引敌方空中力量注意力方面远比其他武器系统更加有效，在执行任务过程中可将敌方空中作战力量消耗殆尽。事实上，对于这一设想，美国空军早在第二次世界大战时期就有类似经历。1944年，美国轰炸机在P-51远程战斗机的护航下，开始对德国本土进行战略轰炸。但是美军的轰炸机载弹能力极为有限（主要是由于轰炸机设计师们为轰炸机配备了较多的防御性火力，但在实战中配备各种防空火力的轰炸机的防御效能并不明显），这样的配置导致美军轰炸机更多地成为诱饵，引诱德国战斗机争相攻击这些轰炸机，在交火过程中，这正好让护航的P-51战斗机有机可乘，敌机多被护航的P-51击落。而且，当时由于德国缺乏足够的油料，后勤因素削弱了德军飞行员的训练和作战能力，这使得很多德国战斗机即使未在空中被击落，也因飞行员经验不足而在着陆或起飞时坠毁；此外，由于德国在战时始终保持了强大的军火生产能力，致使其战斗机在数量上远比操控它们的飞行员多，很大一部分德国空军紧缺的飞行员就这样被消灭在空中。从这一方面看，由大量无人空中作战系统组成的空中集群也可将其潜在的攻击能力转化为获取制空权的重要手段。当然，由于无人集群具备更长的滞空时间，在不断补给、调整和替换的前提下，更能持续保持滞空状态，这也提供了在地面击毁敌方战机的可能。而考虑到现代飞机的造价和复杂性，因此也不太可能存在着战机比飞行员数量更多的情形。

[6] 当然，这只是设计航空母舰以及以其为核心编组战斗群时考虑的一个方面：将作战能力强大、敌方无法忽视的航空母舰置于与敌方冲突的前线，并在此后触发的决定性的海空战役中取得胜利，以此赢得作战区域的制海、制空权。20世纪80年代，美国海军的海上战略就将航空母舰视为这种"炸弹磁铁"，并以其为核心确保海上控制权。而从20世纪70年代以来，美国海军就始终持一种观点：海上控制和力量投射相辅相成，是一个硬

币的两面。有关美国海军战略的更详细的内容可参阅本书作者的另一本著作：《新海权论：作为战略力量的海军》（*Seapower as Strategy*）（安纳波利斯海军学院出版社，中文版华中科技大学出版社出版）。

[7] 在这里以"文森斯"号误击事件为例证，主要是因为事件涉及一套可自主运行的防空导弹系统；在空对空作战环境中，无人空中作战系统也可看作是一个智能化的二级导弹系统（平台为第一级，由其发射出的导弹为第二级）。1988年，美国海军"文森斯"号导弹巡洋舰在霍尔木兹海峡巡逻时误将伊朗民航的空中客车客机当作大型作战飞机，而将其击落。当时舰上指挥官由于缺乏进一步确认的情报信息，便仅以舰载防空系统的探测结果作为判断依据，最终酿成悲剧。如果当时附近有一架战机的话，那么处置就会更理想，因为按照标准的接战程序，战机飞行员在使用致命武力之前，例如发射导弹前，除非已应用可靠的非视觉目标识别技术，否则必须要对目标作明确的目视辨认。如果飞行员飞近客机，掌握真实情况后，肯定就不会发生这样的悲剧。

[8] 20世纪50年代末，最令美国空防计划者担忧的威胁可能就是苏联为配合其轰炸机群而由地面大规模发射的诱饵弹。苏联清楚，虽然他们享有庞大的防空资源，但终归有限，美国大量使用的空中诱饵将很快耗尽这些防空资源。对此，美国也开发了自己的由地面发射的诱饵系统，但并未部署。这类诱饵由地面发射非常重要，这样可防止防空系统将其识别为飞机（未来，由多种侦察、监视系统构成的立体探测系统可能会更精确地分辨出空中战机和诱饵）。

[9] 能够对抗高性能、隐形战机的先进区域防空系统造价极为高昂，全球能够研制、生产这类系统的国家也有限。目前，在国家防务市场上，俄罗斯是这类先进高端系统的主要提供者，很多与美国敌对的国家的防空系统都由俄制系统构成。但这类系统的生产效率较低，每年俄罗斯为其客户交付的此类系统，数量不足10套。至于短程野战防空系统，其生产率则要高得多，但这类系统易遭到无人空中作战飞行器发射的防区外弹药的攻击。因此，从这一点来看，美国空中力量未来所要面对的能够产生

威胁的先进防空系统并不普遍。

[10] 可以认为无人平台尽可能少地需要由操控人员干预是一项优势，这是因为人类飞行员通过通信链在很远的距离外遥控无人机时，由于控制指令数据双向传输，不可避免地导致控制指令出现延迟，而且飞行员坐在遥控室里也缺乏实际在空中飞行时的感觉，在操控时常常会出现失误。美军无人机部队的一名操控人员就曾经在遥控一架"捕食者"无人机时，因控制失误而导致无人机坠毁。当时他在修正飞行器飞行状态时并未考虑到所控制的飞行器速度较慢，而他之前飞惯了高速战斗机。当然，在无人系统出现较大的飞行误差时，操控人员的干预必不可少。但是，美军在使用一些长航时无人机（如"全球鹰"）时的经验表明，对无人飞行器的干预有时会抵消其本身的优势。与有人战机的坠毁率相比，无人机的坠毁率相当高，其中相当一部分是由于操控人员的失误和不适所造成的。此外，由于无人机只有在需要时才会升空，无需为配合飞行员训练而实飞，因此其每年的总故障时数仍相当低。

[11] 无论有人还是无人飞行器，其灵活性都是它们最大的优势。撇开有人或无人战机的区别，在遂行防空任务时，它们与舰载区域防空导弹相比，在后勤因素上也具有很大优势。现代海军舰只中，垂直发射的区域防空导弹在海上进行补给极为困难，但通过补给舰或运输机向航空母舰补给却相对简单。

2

变化中的
战术环境

伊拉克和阿富汗战争是冷战结束后美国所参与的两场主要战争，与1991年爆发的第一次海湾战争相比，这两场从一定程度上看相互联系的战争是否代表着未来战争的雏形？或者说，它们只是经典大规模高技术正规战争的较为次要的分支？根据过去的战争理论，这类低强度战争只是战争类型光谱中的低端部分，那么为应对光谱高端部分而开发、采购的武器和系统当然能满足低端战争。美国在越南战争中的经验表明，这种将大规模正规战争类型视为一切战略防务政策制定标准的看法并非总是正确的。即便是与当年越南战争规模、类型相似的伊、阿反恐战争，美国也要重新学习经验。那么在这种新的战争中，其特殊在何处？哪种武器更适应这类战争？能从空中瞄准的目标又有哪些？诸如此类的问题决定着何种类型的空中力量模式更能适应这类战争。本章将主要讨论无人空中作战系统所具有的精确攻击、持久作战能力，在应对新型的低强度战争和经典的大规模战争方面，这种能力体现出异乎寻常的甚至可能也是唯一的普适性。同时，无人系统在进化过程中，也与美国军事技术朝着"感知来源分布化、信息融合集成化"的发展方向相一致。

高强度战争

经典的高强度战争涉及国家政府所能调集和运用的所有各类资源，从这一标准看来，高强度战争规模不可能不大、时间持续也不会短，至于像发生在阿富汗的叛乱行动或者由非国家实体发动的、涉及广泛的恐怖主义战争则是另一个不同的问题。高强度战争环境下，就传统的战术领域而言，结束一场战争就必须要击败对方有组织的军事力量，而对阵两方依靠组织化的力量体系结构相互对抗。力量体系结构的组织化一方面便于发挥出最大的整体效能，但反过来，也暴露出很多无法摆脱的缺陷和弱点。例如，这样的力量结构存在着重心和弱点，前者如指挥机构、通信枢纽等，后者如后勤补给线等。

在进行这样的战争时，空中力量倾向于强调攻击对方的固定目标，因为这类目标很容易被侦察、辨认，也容易确定位置。以第二次世界大战中的空中作战行动为例，飞行员一旦获取了目标位置信息，即便不用其他更精密的导航和目标指示方式，也可利用预先选择的地标来导引攻击力量靠近目标。但是很多时候，典型的经济类固定战略目标，受到的关注往往超出其自身价值，通过对这类目标实施打击而想在战争中收到成效，需要耗费相当多的时间。例如，希望通过摧毁一座军工厂来影响前线敌方部队的装备水平，就需要较长的时间来体现出效果（当然，如果能摧毁武器储存点，那又是另一个问题）。要取得立竿见影的攻击效果，就要攻击那些与战争联系更为紧密的目标，但这类值得攻击的目标通常都较小，很多从空中难以发现和鉴别，有时分析人员只有通过研究多种来源的传感器侦察数据，经过综合分析后才能识别出来。分析的结果获得了有关目标的地理位置信息，利用这些信息，飞行员驾驶着高速战机奔赴目标，但他们会发现以这样的速度想在空中识别出小型目标非常困难。有时，部分类似的小型目标能够被武装的侦察飞机攻击，首先是因为飞行员可以发现并识别目标，其次才是他所驾驶的飞机具备攻击手段。而在阿富汗战场上，美军飞行员有时也会发现敌方会向盘旋在其头顶的美军飞机射击（这也可能是当地部落在庆祝时对空盲目射击的传统），但战机对这类固定目标却不能一律攻击了事，要注意武装侦察和自由开火之间的联系，飞行员遭到枪击后会对枪击地点是否存在目标感兴趣，但他们无法得知开火的目标是友方、敌方抑或中立的人群。

高强度战争中，空中力量对地面支援的另一种形式则是近距离空中支援。空中力量通过对影响、威胁战场地面部队的敌方目标进行直接打击，起到支援目的。在战场前沿，重要的高价值目标很少静止固定，值得攻击的目标通常都处于不断变化的战场中，有时目标本身也在不断地移动。要保证支援效果，近距离空中支援必须得到前线地面部队弹着点观察员和前沿目标指示人员的信息配合。在过去，目标指示人员通常利用有色烟雾为飞行员指示攻击目标，现在他们也能利用激光照射器或 GPS 设备指示目标。敌方也能感觉到空中力量在近距离支援时对固定目标的巨大威胁，因此他们总是不断地将关键目标、资源转换位置，或使其处于机动状态。空中力量在这种状态下能否达成支援目的，很大程度上也取决于发现目标并在其转移前进行有效攻击的能力。

在第一次海湾战争的相关战例中，美军空中力量花费相当资源用来寻找并摧毁伊军的机动式导弹发射装置，这消耗了相当一部分空中力量，并花费了数周时间，对支援地面作战行动造成了一定的影响。为了发现伊军机动发射装置并清除伊军弹道导弹的威胁，美国在空中持续部署了随时待命的战机，由其发现导弹飞行轨迹，并对轨迹在地面的终端也就是发射装置进行实时摧毁。飞行员报告了很多次类似的击毁伊发射装置的行动，但战后经调查表明，当时报告的战果中很多仅是伊军的卡车或装甲车辆，由此亦可见当年空中力量打击地面移动目标时的难度。

从广泛的意义上看，第一次海湾战争表明，针对固定目标的攻击行动，对战争进程的影响甚微。在空中战役发起后的初期，联军空中进攻的重心在于伊拉克中部主要城市内的固定战略目标，如政府设施和军工企业，这类目标的摧毁对于持续时间较长的战争可能会产生较大的影响，但不会在短时间内让在前线的伊军解除武装。同时伊拉克也并非一个强大的现代化国家，想通过摧毁其军事经济能力来打击其战争潜力的效果有限。这些攻击更大程度上可看作想解除伊拉克的武装，并防止伊军在短时间内向联军主动发起地面进攻。例如，联军发言人当时就称（后来被证明是不正确的），整个伊拉克的核基础设施已被摧毁[1]。至于空中力量在战争中发挥更为直接的作用，实际上是对前线伊军部队进行的打击，这使伊军部队必须同时面对地面和空中两条战线，直接加速了联军地面部队击败伊军的进程。整个战争持续了约 6 周，但真正决定性的地面作战阶段更短，其中，联军空中力量对地面战场的重要支持是能以如此之短的时间结束战争的重要原因。

2003 年第二次伊拉克战争的经验也表明，敌方真正看重的有价值的目标通常无法被正确定位。美国或许确实能够戳破萨达姆所大肆吹嘘的"巴格达防线"的神话，例如对萨达姆设置在城市中的军火库实施精确打击，萨达姆认为将这些设施隐藏后美军很难真正地对其摧毁。但是，在萨达姆看来，整个巴格达战场中最重要的目标，除了他之外，就是他用来与全国民众和军队进行联系的电视台及其信号发射设施。事实也正是如此，美军自战争开始后，虽然自空中摧毁了无数类似军火库这样的军事目标，却从未将电视信号发射装置这样的设施真正摧毁，直到战争结束，伊拉克的电视广播系统仍可正常运转。这一经验表明，第三世界国家的政府在隐藏其最看重的战争资源方面具有非凡的能力，而这些资源很多情况下并非一些固定的军事设施，而是能够对战争发挥最大影响的基础设施，例如2003年伊战中的电视广播系统。而且，萨达姆本人作为一个联军想要除之而后快的目标，在两次伊拉克战争中都幸存的事实更验证了上述观点。其实这并不令人惊奇，作为独裁者的萨达姆多年以来就已习惯于逃避各种暗杀，联军的空中袭杀只是其中最新的一种。

　　影响未来战争具体形态的另一项重要因素是不断攀升的军事装备价格，例如装甲车辆、作战飞机等军事硬件设施。自第二次世界大战以来，各国军队数量规模因此不断缩小，有的组织结构编制也发生变化，如师级部队被削减为旅。除去因装备陈旧武器而依然保持庞大规模的少数国家军队，至少西方国家军队都经历着类似的变化。很多第三世界国家之所以能避免这一问题，主要是因为苏联为其装备了大量较为粗制滥造的武器，很多这样的装备被半卖半送提供给对象国。但随着苏联的解体，这些原来习惯苏式装备的国家很快也面临着西方国家的问题，为了替代其手中的武器，他们不得不另外寻找来源，面对高昂的装备价格更无法1：1地将武器全部替换，而且这些国家大多缺乏必要的工业基础能力，无法生产装备上必要的更换部件。这种情况的直接结果就是美国向海外部署的远征部队很可能会发现，他们所面对的敌对武装的规模甚至有可能比远征部队还要小。远征部队通过应用各类远程传感器和无人空中作战飞行器而获得的高效能，将使其获得决定性的优势。在由少量部队进行的小规模地面战争中，短兵相接的战斗呈现出高度的分散化、非线性的特征，战场没有明确的前线。双方可能会将打击重点锁定在对方力量本身上，而不是战场上的种种设施。这样的地面战场，使得侦察能力和快速反应的空中支援更为重要 [2]。

　　所有的这些都意味着未来的高强度战争中，打击的重点是快速发起，目标的分配也经过协调和指定。一支规模相对较小但高度灵活的军队，其攻击效能可能会比一支规模庞大但缺乏灵活性、只适于某些任务的军队更高。在这种战场环境下，对战斗起着更直接作用的近距离空中支援可能会更为重要，而由于战场环境复杂，民事目标和敌方力量高度混杂，攻击的精确性也将提到更高的高度。克敌制胜的基础也不再依赖于双方军队的数量规模，例如战场上技术装备、兵力的数量等，转而依赖于能够实现持久连续作战与精确打击的结合，而这正是目前无人空中作战系统所能提供的优势。

　　国与国之间爆发的战争也不必然要求双方都拥有较高的军事技术水平，越南战争就是例证。越南战争期间，美国的战争规划者认定，越南北方是战争的策源地，并制订了直接攻击北方、缓解其威胁南方政府的战争计划。但这一战略最后被否决，因害怕如果美国入侵北方，别国将出兵干涉 [3]。正是由于这些政治因素，使越南战争成为一场经典的国家与国家间的战争，交战双方一方享有技术和实力优势，另一方则享有不虞遭受攻击的避难所庇护。至于美国空中力量在越南北方的重点攻击，则是希望以沉重的战争打击使北方放弃在南方的军事行动，双方围绕着北方的重要目标而爆发的空中和空地攻防交战在技术上则具有较为对等的色彩。美国的军事战略决策者可能认为，北方不太愿意因为与南方的战争，而将之前几十年在北方所辛苦发展起来的工业基础全部付之一炬，会在面对美国空中力量的大规模打击时屈服。但他们没有意识到，北方领导层维持其政权合法性的最大动机和依据就是将力量扩展到南方，统一整个越南，而一旦统一完成后工业设施将得以重建。实际上，当时北方根本就没有什么舍不得抛弃的现代工业，唯一类似和重要的目标就是用来接受军事援助的港口、车站以及物资集散地。因此在 1972 年，美国飞机开始向海防港空投水雷，封锁其进出航道后，才使北方感觉到紧张。

　　北方在向南方进攻的过程中，采取的也是一种以小规模部队为主的军事战略，他们将成建制的部队分成小股，全力向南方的农村和郊外渗透，以这种方式控制南方的人口和广大的农村[4]。北方之所以采取这种战略，其主要的原因在于他们没有能够支持大规模部队行动的后勤支持保障网络，即便有，也无法在占优势的美国空中力量攻击下有效运作（北方有时也会向南方派遣高技术装备，如坦克，但其数量始终都较少）。北方认为，他们能通过这种小规模、无期限的持续战斗方式，让更多南方民众支持并参加革命，以拖垮南方政权和美国的支援。但这一企图在 1968 年越历春节遭到失败，北方部队在与南方军队交战过程中遭到重创[5]。针对北方的攻势，驻南越美军采取的策略是集中空中力量攻击并切断北方军队的补给线（如攻击"胡志明小道"），或强迫北方与优势的美国部队硬碰硬。1972 年，北方对南方实施的军事战略遭到失败，其发动的"东部攻势"（也称顺化战役）亦被南方和美国以常规战争的方式击溃。1973 年，在美国开始攻击海防港后，北方甚至已开始考虑接受某种形式的停战。但此时，美国公众开始对耗资甚巨、拖延已久的越南战争感到厌恶，也不相信停战或和解对美国来说是一种胜利，并不再想向南越提供任何支持和帮助。北方也意识到美国的不耐及其态度上的变化，最终于 1975 年发动大规模的常规攻势行动，彻底推翻了南方政权。

再次面对苦涩的越南战争，美国从中得到的教训是：一个积极扩张的第三世界政府愿意也能够部署一支以游击战为主的军事力量，颠覆由美国全力支持的国家。这种战争的本质使美国民众不再对其优势力量抱有幻想，至少在 1975 年北方发动并最终获得胜利的传统攻势行动时是如此。当然，北方也为这一胜利付出了沉重的代价。之后北方在中南半岛的盟国（如柬埔寨、老挝）也相继推翻了西方支持的政权，而越南的战争模式也就止步于此，再没有其他第三世界国家按照这种模式取得过胜利。

回顾越南战争，现今美国武装力量已获得了长足的发展，包括广泛地使用遥控传感器以发现各类目标，也有了更为精确、持续的空中力量，如果再卷入与越南这样的国家的战争时，在打击类似"胡志明小道"这样难以彻底摧毁的人力后勤补给线以及与小股部队进行游击战时，将更为高效。在遂行这两类任务时，持续的空中力量存在都非常必要。由于目前军用飞机越来越昂贵，其数量不仅与第二次世界大战时期相比，就算是与越战时相比也大为减少。而唯一能替代数量以确保持续的空中力量存在的办法，就是提升飞机在战区空域的滞空时限，但这又不得不考虑飞行员的疲劳问题，以及其他方面的因素，如油耗、弹药、花费代价等。在这几种作战背景中，拥有极佳滞空性能的无人空中作战平台在类似越南战争这样的冲突中极具价值。

美国参与并赢得一场传统战争的总体能力将提供一种制止某些国家"任意妄为"的形式，但是，美国这种能力的代价是高昂的，而且似乎也不太适合在阿富汗这类战场环境与某些武装进行战斗。现在，很多人提出质疑，美国在伊拉克和阿富汗的战争经历是否表明某些国家通过采用合适的军事战略，例如游击战略，就可以和拥有强大传统军事实力的美国一战。也许，不对称战争将是未来战争的潮流，不仅对于叛乱者来说是这样，对于政府也同样有吸引力。如果未来战争真向这一方向发展，那么美国当前的军事投资就会误入歧途。

一个与美国敌对的国家政府可能会将这种军事战略视作有效威慑美国干涉的工具，就像1991年，老布什政府在领导美军将伊军赶出科威特后，却对进入伊拉克彻底解决萨达姆裹足不前所表现的一样，当时政府就是害怕此举将会点燃一场越南式的游击抵抗战争[6]，而美国的这种忧虑，可能也正是萨达姆野蛮入侵科威特并幻想能够保持占领既成事实的原因。即便美国出兵击败了驻科威特的伊军，他也可将部队，特别是作为其政权支柱的共和国卫队，撤回伊境内。当时，也有人认为，考虑到伊国内存在着强大的反政府势力，如什叶派穆斯林和库尔德人，没有必要在解放科威特后采取进一步的军事行动，伊军在科威特的战败将引发其国内势力颠覆萨达姆政权。停战后，联军在制定停战条款时也犯了愚蠢的错误，例如允许伊军继续在禁飞区内使用直升机，这使萨达姆得以保存实力并最终向国内宣称：伊拉克赢得了战争胜利。当时，美国情报机构也没有证据显示伊拉克正在其境内准备进行游击战。

从另一方面看，如果一国政府准备进行游击战，那表明它也处于较为危险的境地。大多数政府通过其官僚机构控制着社会和民众，面对压力时，它们宁愿暂时屈服以保持对国内形势的控制，也不愿将局势搞成彻底的无政府混乱状况以应对入侵者。因为前者还存在着翻身可能的一天，而无政府的游击战略虽有可能将入侵者赶出境内，但政府一旦将其施放出来，自己就有被抛弃的危险，也就更谈不上接收赶走入侵者的胜利果实了。这一策略选择的逻辑对于国内存在着强大反对势力的国家和政府非常适用，伊拉克的情况正是如此。

另一个类似的例子是第一次世界大战末期的德国，当时德国军队在协约国的军事打击下濒临崩溃，德国国内有人曾煽动进行"总体人民战争"以抗击入侵的外国军队，他们将拿破仑战争时期普鲁士对法国的全民抵抗作为依据，但当时的德国政府却拒绝了这一提议，因为如此一来德国国内的反政府主义者就可能浑水摸鱼，这是当时德国帝制政府绝不愿意看到的。尽管后来德皇被迫退位，但其政府却大体保留下来，再次见证了希特勒带领德国东山再起直至1945年又一次走向毁灭。1945年，纳粹德国崩溃前夕，当时纳粹政府也曾对投降后的全民抵抗运动非常有兴趣，但他们组织得不太成功，加之德国战败后很快就被美、苏肢解并绑上各自的战车，使得抵抗运动很快就烟消云散了。这些例子都预示着伊拉克在战败后发生的一切，萨达姆也曾想以其复兴党为基础，建立一个抵抗占领军的组织，在军事上被彻底击败时发挥作用，但面对国内反对势力的种种疑虑以及联军相对宽松的停战条件，使他并未认真准备这样的事务。

再看纳粹德国第二次世界大战初期对西欧的军事占领。当时西欧各国前政府都因战败而与德国媾和，各国也都先后出现了抵抗运动和组织，其中一些至少名义上由流亡海外的前政府控制着。在战争期间，这些组织和运动也都获得了相当的民众支持，但不论当时还是现在看来，这些抵抗运动的效果都不好，至少在盟军登陆欧洲大陆前皆是如此；盟国反攻欧洲后，这些抵抗组织都成为对德作战的辅助性军事力量。从政府的观点看来，对各类抵抗运动，无论是无政府主义的游击队，还是各类派别组织的抵抗运动，最重要的是，这些力量都不在前政府的控制之中。在这些为抗击外国入侵者而形成的各类抵抗组织中，特别是各国左翼所发展的力量，更把推翻前政府、建立政权当作必然目标。因此，抵抗运动，尤其是在政治势力分裂的国家，是一把双刃剑。甚至在很多西欧被德国占领的国家，政府也并未完全向德国投降，从某种程度上来说，它们在接受德国的改组后，协助德国占领军镇压各种既反政府又反对占领军的抵抗组织，特别是左翼领导的抵抗组织。

至于东欧各个被德国占领的国家，其情况又有区别，这些国家里抵抗运动非常激烈，这部分是由于德国不仅对当地的少数民族，也对当地居民采取种族灭绝政策所致。德国认为这些国家的民族是劣等民族，必须被消灭，这使得当地抵抗组织有了生存的空间。例如在波兰，流亡中的波兰政府领导了其国内的抵抗运动，而波兰国内由左翼领导的组织也在积蓄力量。

成功的抵抗运动将缔造出新的有威信的领导人，这使其成为失败的现政府在战后国家机构重建时的主要竞争者。例如 20 世纪 70 年代阿富汗对苏联占领军的抵抗运动。从这一角度看，第二次世界大战时被德国占领的西欧各国的抵抗组织及其领导人更是如此，例如"自由法国"抵抗组织的领导人戴高乐，在战争期间就得到法国民众的信任和支持，战后连续数度出任总统职位。

上述种种因素都表明，一国政府在与外国爆发战争后，出于维持自身统治利益的需要更愿意战斗，或者在被占领时为了日后东山再起而选择暂时屈服，而绝不愿意看到无政府主义的游击战争，哪怕这样更能赶走入侵者。难以控制的游击战争只在一种情况下对现政府具有吸引力，那就是现政府有信心认为其能继续领导并控制游击组织和国家民众。例如，按上述设定，假设萨达姆认为其复兴社会党足够忠诚，并以其组织为骨干组建抵抗联军的游击队，并据此激励国内民众在保卫国家的民族主义旗帜下继续支持其政府，那么他就会这样做。但是，作为一个现实主义者，萨达姆清楚地知道他的统治建立在恐怖和高压之上，他完全有理由相信，一旦放开囚笼，国内的库尔德人、什叶派组织将会让他的下场比被联军占领更惨，而国内民众也可能会更加欢迎入侵者来推翻他的统治。这种情况在 2003 年美军占领巴格达后得到了证实，什叶派和库尔德人都欢迎美国领导的联军部队。虽然美军很快在 2003 年达成了推翻萨达姆的目标，战争本应就此结束，但此后持续多年的反恐战争表明，核心问题是美军是否浪费或挥霍了伊国内当时的欢迎情绪，而不是支持萨达姆的游击武装仍在坚持与美国占领军战斗[7]。

分散化战争

美国在伊、阿两国的战争，更像是在与意图颠覆美国所支持政府的叛乱组织所进行的政权保卫战。两国的政权都是在美国支持与帮助下建立起来的，也较为脆弱，而且也都面临着国内传统势力的挑战。"9·11"事件后，美国觉察到恐怖主义与两国的关系，发动了对两国的战争，战争一开始便是最传统的国与国交战的类型。伊、阿两国都不具备现代化的特征，其军事实力较弱并在交战中很快崩溃，取而代之的是由美国支持所建立的新政权，这引起了两国反美势力的强烈不满，随之开始与新政权及美国为敌并继续战斗。这类情形在世界其他地方也有过先例，例如菲律宾，当地的反政府游击队通过长期消耗、瓦解政府军队的士气，而非在正面战场上击败他们，最终获得了胜利。游击战争往往成为比拼较量双方意志、忍耐力的比赛，坚持到最后的一方往往能获得胜利，但是要进行类似最后的抗争，却要整个社会和民众付出更大的代价，因此如果传统国家能在叛乱组织进行的游击战中坚持下来，那么就有可能获得胜利。法国在北非阿尔及利亚的失败可能就算是一个因长期游击战而导致国家、社会、军队和人民士气消沉及瓦解，而不得不匆忙结束的战例，法国人付出了高昂的代价却未能达成战争的目标。至于胜利的例子，例如英国在 20 世纪 50 年代的马来西亚以及六七十年代的北爱尔兰。第二次世界大战期间，中国也曾利用游击战战略对付入侵的日本人，有证据表明日本在与中国的游击战中受到严重损失。游击战略能够取得成功，很大程度上取决于当地民众的支持，以及他们是否愿意为游击战争的胜利付出代价。这种支持不仅对游击组织非常重要，对于传统国家也同样重要，例如在伊、阿两国，如果美国人感觉他们在阿富汗的付出能够避免未来的"9·11"事件，那么他们就会支持继续在当地战斗下去；而如果他们感觉到是在支持一个腐败、失败的政府，并不能彻底解决未来继续出现"9·11"事件的问题，他们就可能会选择退出。而将远程传感器和

这里的地形使得地面行走相当困难，空中作战极为关键。2009 年 7 月，在阿富汗哈贾巴德（Hajiabad）附近、离巴基斯坦边界几英里处，美国空军第 61 骑兵团第 3 中队 C 分队的一级士官史蒂夫·拉洛克巡逻时，回头看着后面的一等兵詹姆斯·凯利。（美国陆军，记者依文·马西）

无人空中作战飞行器结合起来，用于这样的战争，将能极大地影响美国人民对战争代价的理解。

爆发在伊、阿两国的游击战争，实际上是美国在两国取得传统军事胜利后的衍生问题。两国在与美国交战时，其前政府都未投降，而是遭受了彻底的失败，因此也就不存在前政权与新建立政权的合法性问题，这在第三世界国家因战争而出现的政权更迭中极为少见。两国在与美国进行传统国家战争的阶段，都被迅速地击败，这也可能使当地民众相信，继续抵抗下去毫无意义，而实际上，两国战败的前政权都竭力劝诫民众继续战斗下去，而两国国内也确实存在着相当数量的支持并听从前政权的武装派别和组织。战争先期政府迅速地战败，接着继续进行游击战争，很可能也是不少第三世界国家以及战败国家在面对传统战争实力强大的对手时不得已的必然选择。

美国在两国继续进行战争的目标是建立一个能够抵抗当地反叛势力（如"基地"组织）和其他反西方组织的国家政权，为达到此目标，新生政权必须要能在脆弱的初期抵挡住反政府叛乱组织的攻击，它们必须要能证明自己能够保护其人民免受叛乱组织的恐吓和伤害。至于军事上的问题，则在于叛乱组织总能随心所欲地选择攻击对象和目标，由于他们混迹于当地民众之中，要想在攻击之前识别出他们的企图通常较为困难。与当年的越南战争不同，伊、阿叛乱组织的各类行动规模要小得多，几乎不需要专门的后勤保障体系；而在是否存在安全的避难所方面，两者则较为相似：越南战争时越南北方部队可以穿过边境寻求北方邻居的强大庇护，阿富汗的叛乱组织也可在巴基斯坦部落区找到类似的庇护，因为巴中央政府的威权在这些部落区也非常脆弱。

恐怖分子或游击队为顺利达到其目的，也往往想方设法使当地民众相信并支持他们，从而削弱敌对政府的影响。另一种更为恐怖的战术则是叛乱组织主动混入当地社区，如此一来政府武装对他们的进攻将不可避免地杀伤当地民众，从而使幸存者增加对现政权的憎恶。因此，要成功地实现反恐战争的目的，必须谨慎地选择目标，造成一种"如果你是恐怖分子，就会被消灭；如果你不是，那么就会很安全"的氛围。如此，美国不仅仅需要"拥有白天"，也要同样"主宰夜晚"，而在过去，对后者的控制能力正是美国所欠缺的，无论越南游击队还是恐怖分子都会充分利用夜晚赋予他们的优势。

以美国当时的大敌——"基地"组织为例，它有时宣称其反西方的动机是为了让西方血流成河，将西方势力彻底从中东阿拉伯世界清除出去，或者至少要打击美国支持穆斯林世俗现政权的意愿和决心。"基地"组织同样也需要当地民众的支持，缺乏了支持，它们在很多地方连生存都成问题，就更不用提进行有效的行动了。看待"基地"组织各类行动的另一观点是，它竭力希望获取在整个伊斯兰世界的影响力。在伊斯兰世界，很多人憎恨西方的主导地位和力量，他们认为是西方造成现今伊斯兰世界的四分五裂，"基地"组织则告诉他们，它将领导一场伊斯兰世界的复兴运动，将建立一个纯洁统一、能够战胜西方的伊斯兰世界。类似"9·11"事件这样的恐怖行动，也是为了显示其力量并扩大影响，"基地"组织也确实达成了目标。在"9·11"事件后，它在各类伊斯兰恐怖组织中的影响力大增，此举也可将美国拖入与伊斯兰世界的战争，在混乱的战争条件下，它有机会推翻中东诸国亲西方的现政权。如今看来，这一企图似乎已取得一定程度上的成功，而如果美国承认在阿富汗的失败，恰可提升"基地"组织的威望，并点燃更多的战争。如果形势按照"基地"组织的设想发展下去，那么最终"基地"组织将成为很多伊斯兰国家的主导性力量，他们会开始全面攻击西方，与美国的战争会长期化，冲突地区也会扩散。美国需要强有力的手段来阻止事态按这种趋势发展下去，在阿富汗战争期间，革新作战战术就成为美军必然的选择。鉴于技术发展趋势，利用更加智能化的长航时无人作战平台被美军视为解决问题的关键。

抵抗组织反抗的动机各不相同，在阿富汗，塔利班组织被当地多数普什图人更多地看作是一种社会控制体制，该组织亦主要由普什图人组成。由于塔利班在反恐战争前曾在阿建立过宗教政权，普什图人无法相信美国的占领是为建立平等的现代社会，他们与美国的战争不仅是要将后者赶出阿富汗（他们也一直非常排外，特别是西方），也是针对内部那些以往被其统治的团体和组织。此外，由对页图：将精确导航设备与精确制导武器结合起来，战场前沿的火力观察员针对小型地面目标精确地发动空中打击将成为可能，这类目标通常从空中难以被发现。图中两名美军士兵组成的前沿空中控制小组正在等待召唤的空中火力支援，这种战术也是第一次在阿富汗大规模运用。（美国空军国家博物馆）

于普什图部落区地跨阿、巴边境，他们也不认同阿巴边境（柯曾线）[8] 的合法性，认为这是英国殖民者于 19 世纪末强加于此的，这也使得阿富汗的战争形势复杂化。由于武装分子能轻松地穿越边境，两国边境地区的部落也很少有人支持封锁边境，使得他们很容易将巴境内部落区作为庇护所。因此，如果美国想要彻底切断阿、巴边境地区的人员、物资往来通道，就不可避免地会将战火烧到反恐盟友巴基斯坦境内，这也给巴国政府带来更大的压力。

与阿富汗的反恐战争相比，发生在伊拉克的对占领军的反抗形势则又有所不同，伊境内活跃的叛乱组织主要是逊尼派武装。尽管从现实来看，逊尼派在伊社会中属于少数派（而且他们主要分布的地区也不在伊境内的产油区），但他们仍希望重新获得并维持前萨达姆时期在伊社会的主导性地位，因此他们的目标是不仅要赶走美国人，还要占据什叶派占多数的伊南部地区。考虑到与伊拉克相邻的伊朗也是伊斯兰世界中少数几个由什叶派当权的国家，他们是伊境内什叶派的天然盟友（另一方面，伊朗也不愿看到伊拉克什叶派建立一个世俗政权，而是希望伊拉克和自己一样建立什叶派阿拉亚图神权政体）；此外，沙特阿拉伯国内以逊尼派穆斯林为主，他们对伊境内的逊尼派组织也天然抱有好感。这种错综复杂的形势，使得伊境内的各种宗教派别都能找到相应的盟友和庇护所，种种因素都大大提升了美国占领军处理伊拉克事务的复杂性和难度。至于想通过切断伊沙及两伊边境线，阻止伊国内叛乱武装获取物资、人员支援，以缓解国内形势的想法，也都极不现实。

美国在两国进行的反恐战争，其目标在于彻底根除类似"9·11"这样的威胁，而要达到此目标，最直接的方法就是阻止类似"基地"组织这样的恐怖组织建立政权，无论他们是在阿富汗，还是在巴基斯坦部落区。而从战术角度考虑，两国反恐战争的区别则在于伊拉克反恐战争中，可综合编组地面部队、伊国家安全部队以及各个军种联合进行反恐行动；而在阿富汗，除少数地区外，战场的主要区域位于阿、巴边境地区，这里地形复杂，民众强烈排外，利用空中力量是最好的选择。

在伊拉克和阿富汗，有效针对叛乱游击队突袭战术的作战能力，将极大提高作战效能，因为这样可以在搜寻叛乱组织时尽可能

地减少寻求当地民众支持，而由于占领者天生的"原罪"以及宗教民族等原因，驻两国美军想要获得民众的真心支持和帮助也非常困难。考虑到叛乱组织经常混迹于民众之中，主动搜寻并攻击他们也会不可避免地造成附带伤害，令民众更加倾向于支持前者。有时，叛乱组织也意识到这一问题，他们经常利用刻意的袭击引起后者的过度反应，以获得民众支持。美国曾在越南战争中犯过类似错误，这也从侧面加强了越南游击组织的威望。在伊拉克和阿富汗，以及其他经历类似反恐战争和武装冲突的地区，美国也曾试图通过定点清除武装组织领导人的方法来解决威胁，但武装组织或游击队的组织结构决定了他们永远不缺乏领导者，而且，尽管采用精确打击战术，但也无法避免误伤无辜的平民，这种误伤也会为对方宣传所利用。虽然这种精确攻击提供了一种应对类似武装或组织的战术手段，但它们还不足以赢得一场持续的反游击战争。反游击战的历史经验之一，是对当地民众必要的恐吓，但这种做法已不可再继续下去，问题的解决之道可能仍在于立体化、多层次的传感监控网络和长滞空的无人空中作战平台。在这两类能力所构筑的立体侦察、攻击体系配合下，地面部队将拥有针对游击战术的高效能力，武装组织或游击队在与地面部队交火过程中就受到致命打击，如此，主动搜寻歼灭变为"守株待兔"，而游击队要扩大影响争取更多的支持就不得不对驻军实施袭击，只要他们仍想要展开袭击，就必然会聚集、暴露行踪和弱点。而且，从减少附带毁伤的角度看，利用立体传感器感知准备行动的武装组织，并在其脱离民众掩护汇聚时，利用无人空中作战平台对其进行精确战斗，也有助于达到减少误伤的目标。

典型的精确攻击基于精准的情报支持。侦察、监视体系使得个人在使用无线通信技术与外界联系时很容易暴露其位置。这些都是立体传感监控网络的组成部分，当然对方也可以通过拒绝使用无线通信产品，如手机来进行联系，但这是以丧失通信联系的便捷性和协调能力为代价的[9]。而且利用电子情报进行精确攻击的有效性，也会使叛乱组织领导人降低通信联系和指挥协调时的效率，迫使他们以更为原始的方式来组织指挥行动。如果形势紧急，他们就不得不陷入"停止行动"还是"冒险暴露"的两难境地。而且这样一套系统能时刻让其感到不安全，对其成员也会产生深远的心理影响。如果武装组织和游击队不能在政权新生脆弱的初期实现颠覆的目标，新政权就有机会发展壮大，可以有效抵抗前者进攻，为其人民提供安全、繁荣和各类服务。反恐战争时代，美国是唯一一个拥有建立这套立体感知系统，并将其与有效的空中打击系统相结合的国家。在对叛乱组织和游击队的战斗中，空中力量精确的近距离空中支援有赖于出现战机时，附近有随时待机的武器投射平台，平台必须要能在极短的时间内完成精确攻击，这一战术要求武器系统能达到的种种特性，都是前文所提及的无人空中作战系统所具备的能力。

　　除了对付重要目标的定点清除任务，立体感知网络配合无人平台也可用于对监视到的敌方行动进行快速反应。在伊、阿两国，任何在路边设置临时爆炸装置的个人或团队，恐怕都不会是友军力量或中立民众；在夜间成群结队活动，袭扰那些支持联军或政府民众的人，同样也可将其归类为敌人。利用长滞空无人平台，在发现类似活动后立即实施攻击，将起到极大的震慑作用。在这一过程中，长滞空的无人平台、立体感知监视网络，以及地面部队的紧密配合，能帮助美军将反叛乱、反游击的战术效能发挥到极致。

注释

[1] 对于联军在战争初期对伊核设施进行攻击的效果直至 1994 年才被澄清，当时萨达姆的一个女婿叛逃到西方，根据他的描述，伊核设施仍完好无损，联军的空中打击行动也从未获得攻击这些设施的命令。后来，他的证词也被联合国的武器核查人员所证实，部分设施最后被强制销毁和破坏。自"9·11"事件后至 2003 年第二次伊拉克战争爆发前，由于未能彻底了解伊核计划，导致情报界对其核项目的存在及进展情况产生了误判，因而西方情报界一直认定萨达姆确实拥有可运行的核项目，他并未诓诈。实际上，萨达姆一直小心翼翼地掩盖其核项目，1991 年战争时，由于只是为了把伊军赶出科威特，而未能彻底消除伊拉克的核威胁，但是，在美国看来，无论何时都绝不允许伊

拉克这样的中东强国凭借成功的核项目主导海湾国家的政治态度，从这一意义上看，即使无法正确评估战争初期对伊核设施的战略轰炸效果，这也是非常必要的。

[2] 我们很熟悉自 19 世纪以来的大规模战争，这类战争中有明确的前线和后方，运用全部的国家力量和大规模机械化生产技术，集结规模庞大的部队。在美国南北战争之前的时代，受生产力和运输所限，大规模军队还不太可能出现在战场上。

[3] 至今美国仍有争论认为，即便美国当年清除了越南北方的威胁，他们仍会以外国边境地区为避难所继续战斗。

[4] 北方在向南方进军的过程中，也采取了类似中国革命中采取的策略，即以广大的农村包围城市和要点，充分发动底层民众，最终夺取全面的胜利。因此在北方军队持续向南方渗透后，驻南方美军很快就发现他们的敌人由两部分构成，一部分是原北方渗透过来的正规军，另一部分则是他们所发动起来的由南方民众组成的辅助性力量，他们都以北方为后勤依托。

[5] 不幸的是，美军在越历春节期间对北方军队的军事胜利很快就被后继一系列愚蠢的举动而葬送。当时美国陆军并未将先前取得的战绩视作胜利，而后来的失败也被其用于证明需要向越南增派更多的部队。

[6] 沙特政府为第一次海湾战争提供了后勤保障基地和不少帮助，但对美国继而入侵伊拉克推翻萨达姆政权的想法持强烈反对态度，其一个重要原因就在于后者也是由逊尼派执政的政府。

[7] 历史上也曾有过类似先例，例如 1941 年的乌克兰。当时德国侵入并占领了乌克兰，据宣传曾得到当地民众广泛的支持，他们把德国人视为征服者和解放者。但由于德国军队因其"种族优劣论"而在当地奉行种族灭绝政策，将民众推向了苏联的怀抱。

[8] "9·11"事件前，巴基斯坦政府曾支持过塔利班建立的阿富汗政权，希望其承认现有的阿、巴边境线，但塔利班政府始终拒绝这样做。而且由于巴基斯坦与东面的印度在克什米尔地区长期竞争，希望对西边的阿富汗采取友好政策，争取将阿作为其巩固的战略后方。巴国内不少政府和军队高层也因民族和宗教

认同，对塔利班持友好的态度，这也使得美国在该地区的反恐努力进一步复杂化。

[9] 有线通信方式，如通信光纤、电话线等可有效避免被监视，但第三世界国家很少拥有完备的有线通信网络，他们更多地只能依赖无线通信，例如手机、卫星电话等，这些方式都易于被监听和拦截。这也是在伊、阿两国，电子情报如此重要的原因。

A NEW WAY O

WAR: THE NEW TECHNOLOGY

3 新技术与新的战争方式

对页图：无论现在还是以往，采用无人平台作战的一个关键问题是无人空中作战飞行器能否单独发现和鉴别目标，或者说它们能否有效利用外部更广泛的传感器获取的信息，如由多组不同传感器生成的立体战术态势感知图。像 X-47B 这样的无人空中作战系统自身就搭载着多组传感器，但到目前为止仍不太清楚，它们是利用自载的传感器探测目标，抑或只是替代性功能，例如用于侦察、监视等。无人空中飞行器在攻击目标时，主要基于对目标的精确定位，图中 X-47B 的作战概念图向我们展示了它所具备的多传感器感知能力，这包括多功能雷达和光电设备等。（诺斯罗普·格鲁曼公司）

美国正在开发一种新的交战方式："网络中心战"，或者更恰当地说，"态势中心战"。这一新概念看似非常适应当今变化中的战争特点，而无人空中作战系统则特别适合用于遂行这种战术。

新的战争方式也为众多军事理论学者、战略学者以不同的方式描述过。在多种定义和描述中，有一种说法将这种新的战争方式称为"精确打击战争"，意指利用数量有限但非常精确的武器系统，替代过去的大规模非精确攻击，甚至是核武器这样的典型大规模杀伤性武器。用有限、少量的武器进行一场战争，从后勤角度看，也适合当前美军越来越经常进行的海外远征战争。这类部署需要极快的反应能力，它的持续时间也不固定，对后勤环节的依赖越小，就越能持续更长的时间，争取更多的主动。远征部署或战争（主要部署轻量级的远征部队）通常具有攻击行动突然发起的特征，在行动中以其比敌方更快的侦察感知、情况判断和指挥决策速度，建立起适合己方的战斗节奏，同时切入敌方的指挥控制链路循环中或者说"OODA 环"（军事行动的组织指挥包括"观察—判断—决策—行动—观察"的循环过程）中，打破敌方的指挥控制节奏，使其无法进行有效的指挥控制，最终达到令其崩溃的目的。为了配合这种战术理念，必须将以往"以投射武器平台为中心"转变为"建立全面的战术态势感知"，以获得比敌方更准确快捷的观察、判断、决策能力。按这种观点看来，过去大量使用并投射的武器中，绝大部分都是无效的，或者浪费的。凭借着这种立体感知能力（由于更优良的侦察、监视手段和平台，以及情报融合和综合利用），配合更精确的武器系统（利用前述的情报数据），就能使武器系统最大限度地发挥其杀伤效能。

相反，如果我们未能发现并摧毁敌方的小股力量，或者说仍让他们得以保持正常的作战节奏，他们就能以低技术为基础发动针对我们的行动。也就是说，必须要能强迫敌人遵循我们的规则，使他们也对各种高技术装备产生依赖，按照我们熟悉的方式去战斗。如果我们的远征部队规模也很小，敌方可能会想利用绝对的数量优势压垮这样的力量。在地面战场，数量规模已不再成为制约作战效能的主要因素，即使是单兵也能充分发挥感知来源和攻击指示的作用，在得到合适情报支援的前提下，士兵已能对抗比自身规模大得多的敌军。上文提到的新战争方式也向人们提示了这样的环境下，传统步兵如何获得支援、如何战斗。例如，传统步兵部队的作战能力取决于其携带的火力数量，但如果过分强调携带数量，会使其机动性受到影响；而在新的战争模式下，步兵部队的作战能力则取决于利用信息的能力，如他们可以保持轻装以获取更强的机动性，利用随时召唤的空中精确火力对敌方展开破袭，将强大的压力施加于敌方的 OODA 环内。

当这种精确打击能力形成规模后，就能以少量力量实现大规模的打击摧毁效能，例如利用一个中队的空中部队完成打击敌方装甲

X-47B J-UCAS 舰上起飞后，飞越曲折的海岸线的想象画面。（DARPA）

师的任务。通过投射精确制导弹药，美军现在甚至具备了一次发射摧毁多台敌方车辆的能力，数架飞机就能完成对敌方装甲集群的有效遮断和袭扰。

最理想的状况是拥有同时进行各类规模精确打击的能力，而且对敌人施加的精确打击威胁最好也要能持续，因为敌方目标为逃避打击可能会躲藏很久的时间，打击系统最好能伺伏于附近，在需要时随时能快速反应。要达到这样的效果，可能的选择只可能是导弹和各类空中平台的组合。导弹提供了极为迅捷的打击反应速度，而且它们具备一定的自主跟踪攻击能力，结构较为简单仅需周期性的维护，尽管其量相对有限，不可能无限制地使用，但仍较适合战场使用。每当导弹发射出去后，连同有效杀伤的弹头，整个弹体，如制导舱、动力舱段等，也就一起报销了，这些部分都不便宜，它们的造价甚至占到整发导弹的相当比例。正因如此，导弹的生产量相对较低，小型作战平台的携带量也不大，其补充对环境的要求也较为苛刻。

美国海军对导弹的使用就是较为极端的例子。"宙斯盾"战舰上的垂直发射系统一次可装载约 100 枚远程防空导弹，而由"宙斯盾"战舰和航空母舰组成的战斗群只有不到 1000 枚的远程防空导弹。重要的是，这些导弹无法在海上补给和装填，所以如果一艘"宙斯盾"战舰用完了其导弹储量，就只能返回母港重新装填。而且这种导弹较为精密，必须定时维护，久装上舰而未使用也须返回港口检修。这仅是不考虑其他限制性因素后的情况。例如，最新型号的"宙斯盾"战舰装载着一些具备反导能力的"标准Ⅲ"防空导弹，在面对敌方大规模空中攻击时，指挥官就会面临两难的选择：是否放弃保持战舰的反导能力而先应对眼前的危机；如果耗尽了反导型号，是否还能继续完成后继可能面对的敌方弹道导弹威胁，抑或提前退出战斗。

相比之下，航空母舰所具备的能力就有相当的区别，航空母舰的打击平台——舰载机，只要能在敌方的防空系统攻击中全身而退，就能再次投入使用。另外，舰载机发挥作战效能所依赖的油料和武器弹药，也易于通过运输舰在战场补给，所以从理论上说，航空母舰一次补给后的持续作战能力仅受其舰上补给物资余量的制约，这些物资主要指航空油料和弹药。尽管每架飞机的价值远高于导弹，但战机的综合使用成本远低于打一发少一发的导弹武器，这在持续日久的冲突中非常重要。从作战成本的角度来考虑，任何能降低航空母舰作战使用成本的技术手段或平台，都能极大地提升航空母舰在长时间海空战斗中的优势。正如我们所看到的，由航空母舰搭载的无人空中作战平台正好全然符合这些条件。

态势感知图

如前所述，本书提及的新的战争方式，其本质是为当前战场创建一幅精确的态势感知图，并随时更新以便让其保持精准的特性。通过这样的感知，我们可以清晰地掌握战场态势、潜在目标的位置以及可能交战的地点和形式等。考虑到我们的武器系统要能利用精确导航模式（如 GPS 模式），以便精确地攻击点目标，我们就能发现，这张态势感知图已成为所有行动的基础。态势图其实并非什么新鲜主意，侦察、监视敌方情况是古往今来所有指挥官们组织指挥部队行动的基础，让它更具革命性意义的，则是将精准和近实时侦察监视相结合，这一结合也使以前所未有的作战节奏，完成对敌方的突然性攻击成为可能（这也会给敌方足够的物理和心理震慑影响）。攻击能达成突然性是因为现有的态势图中的信息已足够充分，无需在每次攻击前再次进行专门的侦察，只要指挥官认为合适，马上就可以发动攻击，使敌方没有机会逃避打击。

过去，侦察或监视以及打击行动是相互分离的。侦察用于揭露、发现目标，但是打击通常需要更精确地确认目标信息，才能将攻击准确地施加到目标上。从 OODA 各指挥环节的理论来看，侦察和打击都是其必不可少的组成部分。但在过去，由于两个互相影响的因素使此循环被延伸和拖长。首先，侦察过程较为缓慢，这致使侦察结果经常不再准确；其次，飞机根据侦察结果无法准确地飞至目标完成精确打击。有时，为使飞行员能得到尽可能精确的情况，就要花费相当大的精力去完成情报收集、整理和综合的工作，在很多情况下，这都意味着要对目标反复进行侦察，以提高侦察情报的可信度和准确度。侦察和打击虽然可被考虑为一个大系统下的两个组成部分，但这两部分几乎无法紧密结合，或者说不能提高两者之间的联动性。这还未考虑为衔接侦察和打击攻击功能所做的大量中间工作，如计划、协调等内容。过去的战争中，侦察—打击功能的脱节实际上也限制了在较短时间内与多个目标交战的能力。在未完全解决侦察—打击功能一体化的时代，例如 1991 年的海湾战争中，为了实现每战机出动架次的高作战效率，美国空军曾设计了一套严格的"空中任务命令"（ATO）打击实施程序。

"空中任务命令"程序用一个周期（以周期时间为特征）将未经整合的"侦察—打击"结合在一起。1991 年海湾战争中，这一周期时间有时甚至超过 24 小时，这意味着从一个目标被侦察到，到对其采取攻击行动，可能需要持续超过一天的时间，其直接后果就是空中攻击体系无法在短时间内对发现的伊军目标进行打击。例如侦察机发现了一部伊军机动途中的导弹发射装置，如果要停留在其附近持续监视，为后续攻击机指示目标，就无法继续完成其他飞行任务；如果仅将情况上报后，当己方攻击战机赶到时又可能面对其位置已经转移、失去战机的问题。因为侦察—打击周期时间过长，为打击一个重要目标，往往不得不花费极大的精力保持情报更新，并占用相对有限的攻击资源。

实际上，在冷战末期，苏联军事理论界就认识到，下一场主要的军事技术革命可能就是北约当时正在研制的"侦察—打击一体化"的作战平台。这样的平台能够最大程度地缩减"侦察—打击"之间的时间间隔，实现"发现即打击、打击即摧毁"的目标。在与北约交战的欧洲平原上，如果北约方面具有这样的系统，就会极大地压制华约方面优势的地面装甲梯队。苏联将这一系统视为其装甲集群的最直接的威胁，北约诸国甚至可以在不使用核武器的前提下，挡住华约的装甲洪流。在这一判断的基础上，苏联总参谋长尼古拉·奥加尔科夫（Nikolai Ogarkov）在 1979 年的著作中就写道，如果苏联无法找到类似的方法来抵消或克制北约方面意图建立的"侦察—打击一体化"系统，那么苏联对西方的常规军事优势将很快消失。20 世纪 80 年代，戈尔巴乔夫上台后也意识到苏联日益在新兴的微电子领域落后的问题，他承诺要解决苏联计算机在性能和产量方面存在的缺陷，但并未成功，电子技术方面的落后反过来又使奥加尔科夫的问题更难于解决。戈氏在真正执掌苏联最高权力后，发现必须对苏联社会进行改革。他不像赫鲁晓夫那样强势独断，无法中止正在进行着的科研开发项目，也就无法为他所急需的计算机和电子技术开发提供足够的资源，奥加尔科夫的难题再次失去了解决和追赶的机会，当时他也未意识到此举的影响多么深远。

实际上，我们所说的新的战争方式正是上文中奥加尔科夫元帅所担忧的"侦察—打击一体化"系统，有趣的是，美国自己倒没意识到此举的革命性意义、它所能发挥的效能以及在未来战争中的应用。在 20 世纪 80 年代，类似系统刚开发完成时，当时的军队组织并不适合应用这种新的武器系统，这也是第一次海湾战争时西方军队并未体现出其最初设计目的的能力的原因。我们现在如此急切地拥抱新系统的另一个原因，则是原有的技术体系已不再适合冷战后的世界军事环境。在经过了几十年的使用经验积累后，所有的成果最后才水到渠成，瓜熟蒂落。如果通过临时拼凑种种新技术和能力来组成新的力量，它们可能和现在的这套体系完全不同。美国国防部出版物于 2001 年正式提出"转型"的概念，但他们对这一词汇的定义却非常糟糕，其核心思想可能就是希望美国武装力量在未来能够表现出本书上文中所着力描述的能力。

让我们进一步讨论"侦察—打击"功能的一体化问题。武器系统的投射依赖于侦察、监视子系统对目标信息的获取，如果后者的性能足够优良，就根本没有必要由人来发射武器，或者说干涉这个一体化的过程。通常来说，人类操控人员在这一过程中扮演着信息融合以及监控的角色，在对信息进行融合时，他也需要参考信息的辅助；发挥监控作用时，则要对一些根本性的问题作出判断，比如"自由开火"与"严禁开火"界限的限定。其最关键的作用就是确保所有的监视侦察数据和目标指示信息，在同一套系统内能够得到充分的协调和配合，让数据能够融合成所需的类型并发挥应有的作用。在电子技术尚处于发展阶段的前几十年，这一功能似乎还无法自动完成，但现在随着计算机运算能力呈几何级数提升，也就越来越不成为问题。对于美国来说，成为这场变革的领跑者并不偶然，电子技术革命的发起者、GPS 精确导航体系的建立等，都使这一切自然而然。虽然说，任何精确导航、制导手段也能提供类似的效果，例如，如果没有 GPS，其他相关的制导方式（利用成像雷达、激光照射或红外）也能提供类似的制导能力，但后者花费的代价更大，应用的范围和领域也较受限制。但是，对后者应用于精确侦察、攻击的研究也并非可有可无，相反还非常重要，因为一旦 GPS 信号在一定区域内遭到干扰和阻塞，那么这些制导方式同样能提供精确的替代性方案。

因为由各类传感器组成的网络共同生成了实时的态势感知，打击平台也通过网络化的方式利用这种态势感知，人们把这种新的战争方式称之为"网络化战争"。过去，进行侦察监视的着眼点通常都集中于特定目标，而且针对对象的反复侦察就意味着准备对其进行打击；现在，新的战争方式需要的是持续实时的监视和目标探

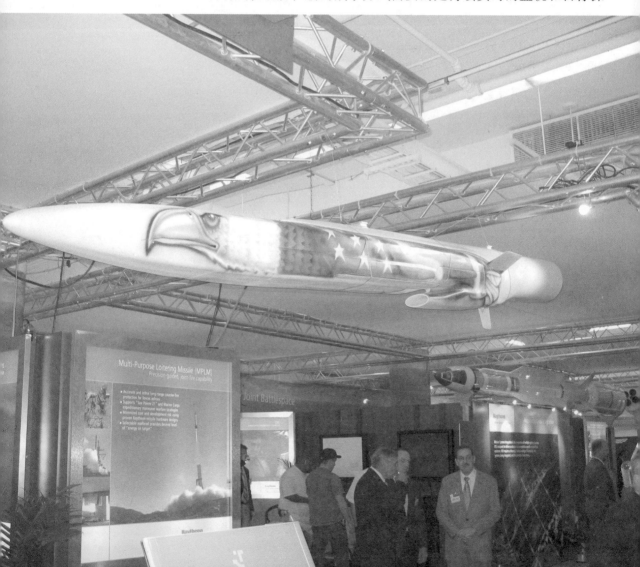

测，有时还有提供目标的精确定位和优先度考虑，攻击系统再无缝地利用这些信息实施攻击。至少在理论上，这类系统既可针对固定目标，也可适用于移动目标。此外，如果侦察、监视的覆盖范围足够广阔（可能并不连续），它就能提供关于运动目标轨迹的信息，因而可以此预测移动目标未来某一时刻的位置和状态。如果对此类运动目标的位置的预测能持续经常地进行，就能预先设定攻击武器在指定时刻到达特定区域，使之正好处于攻击目标的最佳位置，这样可以让攻击武器的锁定传感器在极短时间内完成搜索、跟踪和锁定，既提高了命中率，也增大了攻击的突然性。这一概念早在几年前就已被验证并演示，也称为"可负担面目标交战能力"（ASTE），现在已成功运用于现有军事体系，例如，美国海军就已将不少库存的短程终端寻的器用于改装制导炸弹，以实现这种能力，使原来需用专门导弹才能对付的移动目标，现在使用廉价的改装制导炸弹也能达成攻击效果。

　　未来的空中作战行动中，如果空中平台和导弹攻击都采用精确制导武器，那么飞行员在攻击时将发挥什么样的作用？当他们按下发射按钮，GPS 制导的弹药射出挂架后，他们对整个攻击过程就影响甚微了。这样看来，除了监控着飞行平台，避免敌方攻击并往来于目标和后方基地之间，他们似乎并没什么更多的事要做。就笔者本人的经验而言，如果系统可靠性足够高，那么对其进行监控就真的没什么可做的。至于规避敌方攻击，则是最能发挥飞行员才智的领域，但如果这也要由机上的自动系统来完成，那么自动规避能在什么程度上达到人类飞行员的标准？

　　遍及战场的侦察、监视传感器既可以时刻查明敌方目标的位置，又不会让后者有所警觉。之所以这样认为，源于现代传感器组可以在不被敌方发现、觉察的前提下，实现对目标的侦察、监视，比如远程侦察、监视，传感器平台采用低可探测性设计等；而且立体传感器网络的侦察数据经融合处理后，可大大提升数据的可信性。由于不用反复对目标进行抵近确认，目标就会对可能的攻击一无所知。而如果在较宽阔的范围内，总能更新对敌方目标态势的掌握，敌方可能就不会清楚我们计划攻击哪一个目标，抑或在何时进行攻击，这样就能最大程度地隐藏己方攻击企图并达成攻击的突然

对页图："网络中心战"或"态势中心战"的象征即是各类制导武器。与早期的精确制导武器不同，新一代武器系统的精确性并不会随射程的增加而降低。虽然在理论上，这类武器多用于对付固定目标，但试验也表明如果周期性地更新制导信息，它们也可用于打击移动目标，即便没有这些更新，为其加上一个小的寻的器也能使其具备锁定移动目标的能力。图中为雷声公司研制的多用途徘徊式导弹，它于 2006 年在海军协会展上展出。它的研制较为简单，因为其制导设备采用常用的 GPS 寻的器，外加一套用于更新寻的器数据的数据链。（作者收集）

性。现实战争中，侦察监视不太可能总是完全覆盖着大片区域，如果集中力量对某一区域进行集中侦察总会有一些迹象，但只要敌方对我们的隐形侦察监视资源继续束手无策，他们就仍然不能觉察我们的侦察资产以及它们工作的方式。这也从实用角度说明了，为什么侦察、监视平台也要具备低可探测能力的重要性。相反，如果敌方的目标和资产总是易遭到突然攻击，敌方就必须投入更多精力和资源用来防止这种攻击。在低技术冲突场景下，例如在阿富汗发生的战争，就意味着敌人必须要更谨慎地机动，并总是寻找掩护，这会延缓敌人 OODA 的速度和效率，形成我们感兴趣的攻击机会；在高技术战争背景下，敌方则会耗费更多资源来寻求有效的预警手段，这反过来也会限制其用于进攻的资源投入。

持续打击能力

持续的侦察、监视要能最终发挥效能，还需要持续的打击能力作为补充和配合。尽管导弹在一定程度上提供了这种功能，但利用空中平台尽可能地接近潜在目标，在需要时发起攻击，以此减少导弹飞行时间，将能提供更迅捷的反应能力。而且，空中平台这类作战资源能根据需要补充更多的导弹，也增加了任务的弹性。此外，导弹作为纯消耗性资源，其射程越远，保有的数量也就越少。考虑到这类远程导弹数量上的有限性，利用空中平台搭载更多数量的近程导弹，在保持持续的空中力量存在和打击方面，可能就是唯一的选择。

单架飞机无法提供持续的空中打击能力，这是因为其耗尽油料或弹药后就必须返回基地。要形成持续的空中打击能力，由多架飞机组成力量集群将是不错的选择。集群可在更长的时间内维持持续打击能力，如果集群中某架平台耗尽了油料或武器，就脱离集群返回基地，新飞赴的战机则补充进集群。与此类似，如果有空中加油资源，集群中的平台也可相继脱离集群到安全空域完成加油，集群能保持的持续作战能力会更强、更久。只要集群能够有效面对、克制敌方防空系统，它就能持续地对空域内的各类目标保持威胁态势。集群中各平台的生存能力主要取决于其速度（脱离敌人有效打击手段的攻击范围）、隐形性能（不为敌方探测、跟踪和锁定）、阻塞干扰敌方电子系统（主动电子攻击以解除威胁）的能力。

持续的打击能力也需要集群中各平台具备滞空时间长的能力，这不仅要求平台本身拥有长航时的特性，也要求平台的补给基地尽可能地接近作战区域。单一平台的滞空性必有其限制，但编组成集群后，就能组成强大的持续性作战集群。集群中单个平台脱离进行补给和维护，同样需要在较短的时间内完成，这时就需考虑平台补给基地与作战区域之间距离的因素。有的单架大型有人战机也具备较强的滞空能力，但是当这一距离拉远后，将会很快地耗尽其油料，如果要以这类战机组成集群，保持持续打击能力，如前文所述，在经济上、飞行人员的储备以及所需战机数量方面都面临着难题。

结合无人空中作战飞行器的性能特点，配合航空母舰就能满足上述的特性要求。航空母舰部署灵活，无须受到利用他国基地的种种限制。本来，利用靠近战区的陆上空军基地也能达到相同效果，但考虑到战区可能分布全球各处，无法保证所有可能获得的基地都靠近战区。这类基地只能提供某种断断续续的空中力量存在，而且战区离其越远，持续存在就越难以维持，而航空母舰所能提供的持续性打击力量则完全不同 [1]。在搭载长航时的无人空中作战飞行器后，航空母舰打击群就将两者的优势充分结合起来，维持持续性的打击力量存在也更为容易。再考虑到这些无人平台采用隐形化设计，在面对敌方先进防空系统的威胁下，仍能保持较高的战场生存率，就更能完善地保持空中存在。如此形成的集群，既可针对单个重要目标反复实施攻击直至确认摧毁，也可对广阔作战区域内的目标进行多点分布式打击，保持对所有目标打击的灵活性。对于组成这类集群的空中平台而言，最重要的因素在于其平台的持续作战能力，当然，这也可依靠适时的空中加油来延长。如果平台由有人战机组成，飞行员的持续作战能力就成为平台滞空性能的限制性因素，而且作战区域距后方基地越远，飞行员及战机的持续作战能力也越为有限（即便考虑到空中加油的因素）。实际上，美国也有过不少航空母舰距离作战区域较远的战例 [2]，这些战例中航空母舰无一不是高频率地出动其舰载机，这对设备和人员持续作战能力都是很大损耗。而无人空中平台，特别是具备空中加油能力的无人机，则不会受到任何类似的限制。以上考虑的问题表明，由航空母舰搭载无人空中作战飞行器，能够在距离航空母舰相当远的作战区域建立持续性的打击集群，这样的集群可将空中平台的优势最大限度地发挥出来。即是说，即便在战斗之初，航空母舰还距战区相当远时，它们也能构成对敌方威胁的持续性存在，但一旦其中的平台受到损耗，由于距离较远，也无法很快得到补充，只有随着航空母舰逐渐接近战区，单个平台往返航空母舰补给维护的时间缩短，集群才重新获得持续进行攻击和存在的潜力。

现有持续打击能力

在反恐战争中，美国已多次利用武装无人飞行器构建起持续性的、分布广泛的打击体系，用以攻击恐怖组织领导人。这些成功的战例中，都依赖于精准的情报支援。例如有情报显示有重要目标可能会沿着某条公路前往一处据点，之后，便向目标的必经之处部署武装无人飞行器和侦察传感平台，并由后者建立起对重点地区的全时监视网络，由操控人员监控，同时武装无人飞行器上的机载光电传感器也指向目标出现区域。操控人员监视着战场实际的情况，由其对出现在传感器中的目标进行比对，判断其是不是需要打击的指定目标。如果目标特征显著，武装平台将获得攻击指令，并随即用机载导弹和机载传感器快速锁定目标实施打击。这类战例的成功之处值得我们再次思考：为何无人平台需要这样应用？

首先是无人平台的速度仍较低但滞空时间可以很长，如果需要在特定时间攻击特定区域的目标，它最好提前到达攻击位置，否则就有可能错过战机，至于用速度快得多的喷气式有人战机，其巨大的噪声可能会使目标警觉。其次在于监视判别，如果整个行动没有地面监控人员的参与，仅由空中战机的飞行员对出现的目标车辆进行判断，很难想象他能在高度紧张的飞行操作中对地面目标进行尽可能精确的辨别；而由地面专门负责情报监视的人员来完成则要相对准确得多，他甚至能遥控侦察平台上的传感器组，使其对准目标放大聚焦获取更清晰的目标视频或图片，这些都使打击变得准确无误。最后在于无人平台没有人员被俘的风险，可以在很多对美国军事人员持敌视立场的战场环境中放心使用。这可能也是无人平台的一个显著优势，即使无人机被击落或因故障坠毁，也不必担心己方飞行员被俘成为人质。在这三点原因中，最后一点可能最不重要，因为在反恐战争的战场环境中，敌方防空能力通常较弱，持续滞空性能和精确的指挥、控制明显更为重要。

在准确的情报支援下，持续性的监视和攻击能力，能提升对重要目标的毁伤能力，这无论在战术还是战略上都有很重要的意义。战术上，这意味着敌方重要目标，尤其是他们的领导人，在战场上只有很少的时间能在第一线具体组织领导作战行动，而缺乏他们的控制，战局就可能出现显著的变化；战略上，这意味着他们不得不耗费更多时间、精力用于避免遭受攻击，这反过来也会削减其对组织成员和行动的控制。特别是在当前的反恐战场上，很多敌方领导人在组织指挥行动时，更多的是与下属面对面地交流、指挥和协调，因为他们无法依赖无线通信工具，否则会更快地被发现和攻击。当这样的打击持续日久，领导与其下属见面越来越少时，就会对恐怖组织的作战能力造成显著削弱。从另一个角度看，当他们对出行产生恐惧，转而采用其他通信手段进行组织指挥时，例如无线通信或互联网就会给我们更多的机会发现他们。

要实现这样的打击能力，必须配合分布广泛的立体侦察、监视体系。现在，美国的很多敌人已知道，在与美国敌对时使用无线电和卫星电话是非常危险的举动，因为美军能对无线设施进行定位，并很快发动空中攻击。这迫使他们只能使用原始的通信联系手段，如由人或动物来传信，这类手段基本对美国的侦察体系免疫，但也不可避免地降低了其计划、协调和指挥的速度。这反过来又促成了一个事实，即美军能够享有更快捷、灵敏的组织协调速度和更短的指挥周期，而敌人则相应拉长了其指挥周期，这正是新的"网络中心战"作战模式所力图达成的目的。

精确打击

与持续性的打击能力相关联的另一种重要能力是精确打击能

力，也就是能使弹药精确投掷到特定位置和目标上的能力。如果空中打击力量随时处于待命状态，且如果部署的平台也总是能分辨出想要打击的目标及其位置，那么能否摧毁目标就取决于平台的精确打击能力了。精确打击并不需要平台具备强大的火力，它们只需要将有限弹药的作战效能完全发挥出来就达到了目的。如果实现了这样的能力，它们的机动性可以更强，后勤"尾巴"也可以更小，持续作战的能力也就更强。更为优越的平台机动性，配合立体精确的侦察监视网络，将是新战争模式的核心力量，这样的力量能够击败规模比其庞大但能力更为传统的部队。在这个日益全球化的大战场中，突然爆发的冲突和恶化的形势（例如，"基地"组织在一系列国家的滋生）需要我们去应对。小规模的美国部队在日益频繁的远征作战环境中，战胜对手赢得军事上主动的能力变得极端重要。过去那种在海外耗时甚久的大规模集结和行动，可能再也不会出现了，取而代之的则是类似在伊拉克和阿富汗所经历的远征战争模式。相对小规模的部队能够以极快的速度部署和反应，在局势演变的初期塑造对我方有利的形势，无论后期是继续增加部署还是撤离都能占据主动。而且在很多国家和地区，部署大规模的军事力量也存在着后勤、政治障碍。例如，在陆路闭塞的阿富汗，从理论上看几乎所有的支援物资都必须通过俄罗斯和巴基斯坦的空域进行运输，而实际上两国都不会热情地支持大规模的美国部队在阿富汗部署。

但是，我们也有办法来抵消因火力不足而对作战能力的损害，那就是提高武器系统的精确打击能力，这种能力不再依赖于火力强度、规模和射程，而是取决于完善的侦察监视网络、单向透明的战场态势感知，以及火力支援单元与需求单元之间良好的通信联系手段。现在，需要支援的地面部队除得到各类精确制导导弹、炸弹的火力支援外，还有了其他新的选择，例如来自海上的新型火炮（如电磁轨道炮）、超音速导弹等快速支援火力。但这两种选择也并非完全适应伊、阿反恐战争这种低强度战场环境，它们可能更适用于高端的常规战争。目前的资料显示，这两种武器都非常昂贵，即便大型巡洋舰也只会携带少量这样的弹药。因而，在低强度战争条件下，地面部队频繁的火力支援需求将主要由徘徊在战区的空中力量完成。

论及精确打击能力，就有必要提及武装侦察平台，将攻击和侦察功能结合在同一平台之上实际上正是"侦察—打击一体化"的体现，它的出现和应用与美军在阿富汗的战争经历有关。在阿富汗，美军经常发现低速度的无人飞行器一出现在人群眼中，敌人或民众就开始四散逃离，而其中的敌方战斗人员通常也会寻找掩护并向飞行器开火。这导致了一种战术的出现：无人侦察机操控人员将飞行器抵近存在着潜在目标的人群，一旦发现有目标企图向飞行器开火，就可将其判定为敌人，随即便用机载武器进行攻击。这类武装侦察平台的战术运用也有缺陷，主要就是飞行器操控人员可能会误判地面火力，从而导致误击。最为人们诟病的误击战例就是两个操控无人武装侦察飞行器的美国空军国民警卫队队员产生误判，将联军加拿大军队在地面进行的实弹射击训练误判为塔利班分子正向其开火，而对其实施了攻击。理论上，通过联军内部的情报分享体系，这类误击事件本应避免，但事件还是发生了。一种可能是无人机操控员观察到了地面火力开火的情况，以为是以无人平台为目标，他们将情况上报后未等待进一步确认就率先反击。这一牵强的理由也说明，无人机操控人员在高度紧张的战场环境下，对类似的火力信息非常敏感，在看到地面火力后第一直觉就是将其归类为敌方火力。而在另一些误击的战例中，可能就不是操控人员通过情报确认能避免的了，因为阿富汗不少部落地区在举行婚礼庆祝时，都有对空鸣枪的传统。无人机操控人员通过机载传感器观察到了来自地面的火力时，即便进行确认也无法得到确切结果，因而往往会将一场婚礼变为血案。这表明，美军反恐战争中的情报侦察体系，还不足以支持直接的"侦察—打击一体化"概念。

无人武装侦察平台在阿富汗不成功的应用表明，在未建立起完善的立体战场态势感知的条件下，操控人员的判断能力对于无人平台的应用仍是不可或缺的。当然，操控人员的准确判断也必须得到高效情报的支持，否则一切都只是空谈。

就整个低强度战争前提下新的作战战术而言，这类战术都围绕着广泛战场上频繁出现的突发性目标（主要是人员目标）展开的。要与这类数量众多的目标有效交战需要将持续性的长滞空武器平台和精确的态势感知能力结合起来，这两项特性都不是有人驾驶战机所具备的。这已不是过去我们所要求的那种空中火力打击，目标的特性也在变化。过去，目标大多是固定的，我们能在战斗的各个阶段，根据需要摧毁它们。但现在情况却完全不同，移动目标变得更为普遍，这需要足够的情报侦察能力去识别、确认它们，而这也是空中打击战术的基础。有时，我们对变化的战场态势更感兴趣，甚至特定目标在不同环境、不同时期的重要性也会发生变化，要使打击效果最大化，就必须在合适的时间、地点，对其进行打击。现在，虽然仍然存在着固定目标，但这类目标的数量和重要性都相对降低，特别是战术目标更是如此。在较为原始的阿富汗，战争初期的大规模空中打击，对于彻底瘫痪整个国家的防空体系、获取后继的空中行动自由来说，可能是值得的。一旦获得了这种自由，就能对直接需要打击的移动、变化目标进行侦察、监视和攻击。

未来战争

在全球战场，美国武装力量通过运用态势感知战术以及丰富的作战资源，获得了对各类可能对手的潜在优势。未来，这一系统如能更加成熟和完善，那么美国的潜在对手就会意识到这一美国式战争概念的威力。由于可能与美国展开对抗的潜在国家对手已经提及"不对称战争"等概念，并开始认真准备这样的能力，美国也必须要认真考虑在面对严酷的反制措施和手段（这不仅包括攻击各类传感器，甚至也包括在一定区域内进行 GPS 干扰和阻塞）时，如何维持立体侦察监视能力。

如今，不少美国军事技术专家和战略学者都在严肃地看待立体感知体系受到威胁的问题。位于低轨道的卫星易受攻击，但实际上美国的很多卫星资产都运行在高轨道，而且一旦这些天基资源受到攻击、损失功能时，还能利用飞机弥补这些功能，而飞机的飞行轨迹基本无法预测，也易于替换，这将是天基资源最重要的备份和补充。另外，美国现在也拥有相当数量的无人飞行器，其中大部分用于侦察监视用途，而且还在加大投入开发更新型的具备隐形能力的无人空中平台。考虑到这些无人平台的特性，比如长滞空性、低可探测性、低成本等，就可以更清楚地看到，未来美国的侦察监视网络很大部分或全部都由无人化的平台构成，无论它是天基还是空基。在这样一个由天基卫星、空基无人平台组成的立体感知网络中，如果需要对天基平台的侦察结果作进一步确认，可以派出无人侦察平台对重点地区进行侦察。过去，派出有人驾驶的侦察机是最好的选择，因为其机组人员具备足够的灵活性，而且他们也能对特定区域进行重点观察，但现在，我们也发现通过远程遥控和灵敏的传感器组，无人平台能够达到同样的效果。

或许"条条大路通罗马"，我们的对手可能也会发现这套作战体系的优势，转而利用其自己的手段和方式来构建与此类似的立体感知网络和精确打击能力。如此，当我们与这样的对手相遇时，一场体系对体系、网络对网络的高端战争便可能上演了，那么这样一场高端对决将如何进行呢？

可以肯定，这一定是一场精确打击的战争，受到对方大规模精确打击的威胁将使双方的力量配置极度分散。双方战斗的关键将在于谁能找到对方的关键目标并在其机动前实施有效打击，战斗的胜负更多地取决于综合利用所有可用信息进行的快速评估，包括目标类型、某一时刻目标所处位置以及己方的打击摧毁概率等。双方都会耗费较大精力和资源来隐藏自己的作战要素，特别是重要目标，如指挥控制中心、通信节点、后方补给中心等，在攻击方面，遥控、智能自主的远程无人资产将得到大规模应用，如此，对方会很难将这样一次空中遥控攻击与其后方重要的指挥中心联系起来。

至少在冲突初期，保证己方远程打击力量脱离己方区域并接近敌方区域非常必要，因为对方的侦察监视活动在战初可能只会集中在有限的作战区域，这一区域通常是己方打击发起点，例如航空母舰编队等，而在这一区域之外，敌方可能只保持不连续的监视能力。从这一角度来看，要保持相当的主动，打击最好由移动的基地发起，该基地最好在敌方侦察监视网络覆盖范围之外活动，这也有助于迷惑对方，使其无法对己方的行动意图有所预测。在另一方面，一旦敌方的监视和控制系统受损，增强持续性打击的力度和强度就非常重要了，这时，移动基地最好能向战区方向机动，缩减打击力量补给维持时的机动距离。这一交战场景虽然只是设想，但也表明，理想的作战系统将能够在距战区尽可能远的地方发起打击，当敌方能力削弱时能迅速接近，以便扩大战果。

细心的读者可能已明白，上述的场景描述实际上谈论的正是航空母舰与无人空中打击集群在未来高端对等战争中的配合，这样的作战模式明显依赖于航空母舰在远距离外对无人空中集群的强大支持能力。相比之下，没有什么陆上基地能够提供与航空母舰同样的灵活性和快速发展战果、扩大胜利的能力。

这样的设想并不能指导现实中的战争，但它至少勾勒出我们现在正在进行着的转型的方向和最终结果。转型之路并非一条先知者和天才勾画出、通过未来 30 或 40 年实现的现成途径，而是充满了对现有观念和习惯的颠覆，以及各种不确定性和障碍，也没人能确定它一定会成功，然而一旦成功，它就将赋予转型者相比于同时代的其他竞争者更大的优势。

对于历史上各国在变革时期的种种转型，从来不乏成功或失败的例子。其中，第二次世界大战前期，各国对机械化战争的态度以及不同的结果可资借鉴。机械化战争理论最早起源于英、法，由德国人以"闪电战"的形式将其发扬光大。第一次世界大战期间，英国为了克服堑壕对进攻的巨大阻碍，发明了坦克。战后，英、法两国都生产并装备了大量坦克，但两国也都未预见这种新的武器系统在未来战争中的巨大作用，坦克及其战术在两国的发展也极为缓慢。当时，一些极富先见之明的人，例如 J.F.C. 富勒（J. F. C. Fuller），就设想过坦克如何改变未来战争的形态。如果第一次世界大战持续到 1919 年，富勒的设想就可能会实现，而他所设想的坦克使用战术在一定程度上与德国人于 1940 年所实际采用的战术非常相似。从此时到第二次世界大战前的和平时期，欧洲诸国在有关坦克的技术发展方面相差不多，但战争初期的结果却表明，只有德国真正理解了如何使用坦克。德国将以坦克为代表的装甲集群与空中战术飞机相结合，创造了一种全新的作战方式，大大加快了战术节奏，使所有面对这一体系的敌人都陷入惊慌失措的境地。相反，遭到失败的国家显然还是抱残守缺，并未将坦克与飞机结合起来。例如，战争初期的法国与德国相比，其坦克拥有很大的性能优势，数量也比后者多，但还是沿用第一次世界大战时期的战术，结果仅 39 天就被德国彻底击败。

现在重新回顾坦克在第一次世界大战后各国的遭遇，对于美国仍有现实意义。我们开发了最先进的无人空中作战系统，并也开始走向一片前途未知的前景，但是如果因未能深刻理解这一系统的重要性，而导致未能真正找到一条通向胜利的途径的话，等到未来尝到失败的苦果之时，那才会令人扼腕叹息。

注释

[1] 陆上基地有时也可提供更靠近战区的作战保障能力，比如美国在越南战争时期设置在越南周边国家的空军基地。但在那次战争中，这些基地都暴露出易受地面攻击的弱点，很多停留在地面的战机被游击队击毁。现代条件下，设置于他国的空军补给基地同样也易受到来自地面的攻击，同时它们还易受到政治问题的困扰而最终撤离，例如，反恐战争爆发以来，美国设置于阿富汗周边国家的类似基地就曾因政治原因而被迫关闭。

[2] 从最大化作战效能的观点看，让航空母舰尽可能接近作战区域是必然选择。冷战结束后，美国海军接收了航程较短的 F/A-18 "大黄蜂"（Hornet）战斗攻击机，以此取代 A-6 攻击机，作为其航空母舰配备的唯一攻击战斗机。但有怀疑者认为，以 F/A-18 有限的航程只能攻击航空母舰 200 英里范围内的目标，它是否能胜任未来的打击任务。这种质疑有其道理，因为现在越来越多的国家装备了远程反舰武器，也具有了与航空母舰一样的能力。在与拥有这类武器的国家爆发冲突的初期，航空母舰舰载机能否在航空母舰进入对方武器射程之前解除这种威胁，将成为问题。航空母舰参与对阿富汗的军事行动的经历也表明，航空母舰舰载机的航程非常重要，因为航空母舰部署于阿拉伯海时距离战区的距离非常远，大多数短航程的舰载机根本无力参战，而阿富汗周边国家的政治氛围又无法供美国军机全面利用。在这种条件下，空中支援的重任便落在航空母舰舰载机上。这些舰载机只得在大型加油机的配合下往返于战区和航空母舰之间，给当地美军后勤保障体系造成极大的负担。

TR

无人空中作战系统是一类新的作战体系，它提供了一种全新的、不同于以往的使用舰载航空力量的方式。美国武装力量对这一系统从起初陌生、熟悉，到最后成熟运用的过程，也可看作是其军事能力全面转型的过程。21世纪初期，美国的军事转型开始广泛地推进。怀疑论者认为根本就无须转型，他们认为美国的军事力量在1991年的伊拉克曾表现得无比强大，仍然比全球其他国家的军事力量更强。在这么成功的情况下为何还要开始新的变化？在这里必须对此进行阐述。

军事上采用革命性的技术和战术，是因为以往的技术或战术已不能适应新的环境和条件。就美国自己而言，全球战略环境已使现有的战争方式不再可行，经济也无法负担，或者说形势变化导致了新的军事需求，而美国现在的军事结构和作战模式无法满足和胜任。从其他方面来看，全球各国广泛采用的新军事技术使得战争不太可能像以前那样去进行，例如，可能需要一种新的方式来应用空中力量，以克服一些国家拒止美国进入某一地区的企图。不同国家的军队，根据自身情况也采用不同新技术、新战术组合，这些都是美国军事力量需要认真思考的。经验表明，军事领域的优胜者都是那些愿意了解他国军队战术和技术，充分利用技术赋予自己的优势进行转型的国家。对美国来说，无人空中作战系统提供了革命性的战术潜力，这种革命性的差异不仅仅在于平台本身或其分布式控制系统，还在于其全新的使用方式。

所以，我们为何要拥抱采用新技术的全新战斗方式？有两个关键性的原因。首先，全球军事战略环境的变化，使美国的武装力量有必要转向小规模的远征作战行动，在这种场景中，远征部队必须要在极短的反应时间内抵达战区，建立起支援体系，并与人数规模远超他们的敌军作战。为了赢得战斗，他们必须要利用新的技术系统并采用新的战术，这也是第2章"变化中的战术环境"中所讨论过的问题。远征作战与冷战时期的战场环境最大的区别在于，我们没有足够的时间集结一支能够彻底压倒对手的常规力量，而现在我们大部分的武器装备都是以冷战时期的战场环境为要求研制开发的。当时北约的军事战略也基于两个最基本的假设，其一是战争以华约集团大规模的装甲集群进攻为开端，其二则是战前北约的力量就已部署到位，并且足以减缓对方的攻击速度。接着，北约将在后方动员强大的预备力量，彻底遏制华约的攻势并展开反攻。这是当年的情况，那么，现在或者在可预见的未来，还有这样的战争或战场吗？

其次，需要转型是因为现在的传统战争方式已越来越使美国无法负担。现有的武器装备系统耗费甚巨，部分原因是它们需要庞大的后勤保障支援，这在冷战时期是合理且不得不如此的，但现在却不再适用于远征行动。而且现有的武器系统并没有充分利用美国的技术优势，例如微电子和软件技术，这些都是在冷战后期成形、近10年来才真正成熟起来的技术。美国的军事工业体系通过修修补补，也使原有系统具备了一些新能力，但相比之下，民间经济早已全面采用这些新技术，并戏剧性地获得巨大的回报。

而且当前美国政府所面临的财政危机，也使我们不得不在防务开支方面更加节省，这也为我们走向新的、更经济的转型之路提供了助力。有一种意见认为，现在之所以陷入麻烦，需要转型，是因为美国武装力量越来越沉迷于"巴洛克"式的复杂武器系统，它们虽然华丽但并不实用。但现实是，即便对现有武器系统进行相对简单的性能提升也越来越昂贵，我们需要一种全新的战斗方式，可以抛弃大部分原有系统的方式。这一转型的理由并非什么新情况，以往就曾有国家因无法负担原有的作战方式而被迫转变。特别是由于情况的新变化，使得利用原有技术和模式武装起来的庞大军队也变得无法担负时，更需要转型。

例如，第一次世界大战时期，装备一名步兵的花费并不多，所以当军队向机械化转型时感觉就需要增加极大的花费。但是，在用步兵部队对抗机械化部队时，必须要极大地增加防御纵深、部署更多的步兵才能防御相对规模较小的机械化部队，否则后者就会像第一次世界大战时一样轻松撕开前者的防线。整体上看，为了支撑一

支能够抵抗对方机械化部队的步兵部队，所需耗费的资源更多，无论从人力还是从资金上都是如此。这样，部署这样一支步兵部队与部署看似耗费较大的机械化部队相比，可能就毫无优势了。

再看第二次世界大战时期，美国共生产了约10万架战机（任何时期、任何国家生产的飞机数量都无法与之相比），美国海军在其高峰时共拥有3.5万架作战飞机。在战后航空界向喷气式飞机转型的过程中，这一数量亦变得极其庞大而无法负担，但是飞行部队在向更小规模转变时却并未感到太大阵痛，实际上，数量的减少被飞机使用寿命的延长抵消了。当航空技术成熟和稳定后，飞机在两三年内也不会变得过时，这变相地延长了其使用寿命。而且，从某种意义上说，机群规模变小，伴随的并非作战能力弱化，反而是更强了。例如，在第二次世界大战时期，美国海军"地狱猫"（Hellcat）战斗机的寿命如此之短（战时大规模生产的质量使其无法飞行过长时间），以至于海军根本就不会为其采购备份更换的发动机。相反，20 世纪七八十年代服役的美国海军 F-14 "雄猫"（Tomcat）战斗机服役时间则超过 20 年，甚至更长 [1]。而且考虑到现代战机的战场生存率更高，以其磨损、损耗为主要考虑因素的设计寿命很大程度上就是其实际的使用寿命。在越南战争中，美国在战斗中遭遇了惨重的损失，但这并不影响对飞机寿命的预期，因为除去不少因为战争被击落的飞机外，很多当年生产的飞机后来又被转交给他国并服役了很长的时间。越战后，美国武装力量的飞机数量再次经历了急剧的减少，因为飞机单价远比通胀上升得更快。数量的减少并不是由于飞机型号的更新所引起的，而是作战方式的变革。喷气式时代，战机再也不会像第二次世界大战时期那样编成大规模机群进行突击，因为它们无须以那样的数量作战，特别是当精确制导攻击成为标准后，一两架战机也许就能完成过去成百上千架飞机才能完成的任务 [2]。

　　对于有限的战机数量，转型的唯一解决之道可能就是在敌方防空区域外投掷精确制导弹药。一旦达到了精确攻击的要求，就能极大减少出动架次和数量，这样也能减少暴露在敌方防空网中的战机数量，提高生存率。如果一架战机的战场生存率越高，它的有效寿命也就越接近于其机体结构的自然寿命。考虑到战机相对稳定的生产率，延长战机使用寿命，也就相当于持续地保持一支相当规模的机群。然而，这只是不考虑敌方防空系统效能提升时的情形，如果后者的效能提高到对战机的战场生存构成重大威胁，这一逻辑也就不再成立。从这一点来看，持续地提升战机的隐形性能，将从理论上提升其应对先进防空系统的能力。

　　解决战术飞机经济危机的办法，并不在于过去战术飞机运用的方式和战术，而更多的在于战机本身之外的因素，比如其战场生存率和更安全的作战方式。这正是转型的重点，实际上，和过去同类战机相比，未来转型后的战机在外形上看并没有什么显著的差异，真正的变化在于其指挥控制系统等无法从外观上觉察到的软件的变化。如果不进行转型，我们可能已经担负不起这些战术飞机了，因为我们不可能采购足够多数量的战机，在对抗先进防空系统时弥补极高的战损。

　　在转型过程中还存在着这样一种可能，当一种新技术出现时，人们往往急于将其应用于军事领域，或者说过于匆忙地转变，例如20世纪90年代网络兴起时，军队如何运用网络所引起的争论。现实中，军事组织本质上是保守的，因为对新兴事物过于热情而导致的失误常常产生致命的结果。他们更愿意小规模地试验，而不愿对全盘进行变化。而推动军事转型、变革的，通常是灾难，特别是发生在自己身上的军事失败。过去曾百试不爽的方法现在已不再有效，或者已明显无力负担了，这时转型就会成为共识。通常，也会有变革者希望将新技术与现有体系融合起来，其动机极具吸引力，但结果往往却并不乐观，很多类似变革最终都由全新模式和方法取而代之。

例如，第二次世界大战期间，美国海军同时拥有一支强大的航空母舰舰队和一支战列舰舰队，在与日本进行太平洋海战期间，美国海军发现将两者混合编组，将成为一种非常有效的、能够互相弥补各自弱点的组合。战列舰提供有价值的防空和反水面舰艇能力，可充当舰队的防御中坚力量，而且航空母舰在夜间作战时，如果没有战列舰的保护，很容易受到敌方水面舰队的突袭 [3]，而航空母舰则为整个舰队提供远程打击能力。由于这一组合的出色表现，战后，美国海军认识到战列舰时代已经过去，未来属于航空母舰，但鉴于两者在第二次世界大战中高效的配合，便仍计划继续保持一支由航空母舰和战列舰组成的主力舰队，准备在与苏联海军的对抗中继续发挥优势。这一组合事实上在战后也存在了数年，但后来由于战后预算大幅削减，当美国海军不得不在新的喷气式舰载机航空母舰和原来的战列舰之间进行选择时，只能现实地选择了前者。到1949年时仅有一艘战列舰仍在服役（"密苏里"号），后来，其他战列舰因战事需要也不时重新披挂上阵，却只能充当海上火力支援舰，而航空母舰则日益成为海军的力量核心征战至今。虽然当时海军的选择非常苦涩，但至少现在看来他们并未选错。

面对同样选择的不仅仅是美国海军，同时期的美国空军也遇到类似问题。战后，美国空军决定淘汰其机群中的活塞式战斗机，转而全面换用新式的喷气式战斗机，但前者在为地面部队提供火力支援时更胜一筹，后者由于速度过快并不适合低空复杂环境下的战场支援，这也是朝鲜战争所证明了的。相比之下，美国海军则采用了折中的方案，他们认为对地面部队进行近距离空中支援仍是一项重要的任务，故保留了相当数量的活塞式舰载机，例如其 A-1 "天袭者"（SKYRAIDER）式活塞攻击机，就一直服役到 20 世纪 60 年代的越南战争。而美国空军即便在朝鲜战争时，也只保留了少量 P-51 "野马"（Mustang）战斗机用于对地支援，战争结束后更是全面放弃了活塞式战斗机。美国空军之所以采用激进的转型方案，源于其自身任务特点（主要以争夺制空权为主，对地支援并不是其主要任务），更重要的是认识到在喷气式战斗机日益成为天空主宰的时代，活塞式战斗机越来越脆弱。后来，越南战争证明了这些观点，海军的舰载活塞式攻击机很快就因战损过大，而迅速被喷气式攻击机取代，而其适宜对地攻击的特点也因不适合战场环境而变得不甚重要。

当前，美国武装力量正经历的转型被认为始于 20 世纪 90 年代中期。这一时期也是很多防务分析人士所认为的"防务链条"即将崩裂的时代。当时，冷战刚结束，原来为冷战时期准备的武器系统需要进行大规模调整和更换。由于原有武器系统不再受欢迎以及需要融合当时的新技术，致使防务企业迫于转型而导致生产成本急剧上升（防务企业需要不断投入资源以保证其可用，其为生产武器装备所配备的人员、固定资产运行得越久，资产折旧比率越低。如果放弃原有系统采用新的标准和设备，加之军方采购量降低、生产周期缩减，企业不得不将资产折旧计入产品成本中，不可避免地导致生产出的新系统单位成本急剧攀升），考虑到冷战后缓和的国际形势，防务开支预期也将大幅减少。加之原有武器在新系统完全形成战斗力之前逐渐淘汰退役，很多专家认为大约到 2002 年，美国武装力量将陷入最为虚弱的时期。但进入 21 世纪以来国际形势再次发生重大变化，"9·11"事件后开始的全球反恐战争，使防务开支再次回升，这在一程度上延长了问题爆发的时限，但这也只是延迟，并不能真正解决问题。在伊拉克和阿富汗爆发的热战从一定意义上也正在使问题更加恶化，因为持续战争使现有装备系统比预期更快的速度磨损了。

反恐战争与美国国防部所强调的朝着建立不同形式网络的转型之路迎头相撞，而构建这类网络也正是美国国防部所宣称的解决未来武装力量能力问题的方法。但无论如何，反恐战争爆发后，国防资金确实开始加速流向各类新型计算机、电子设备以及联系这些设备之间的网络中去，例如新一代通信卫星、战场数据链、指挥控制系统等。与此同时，现有的武器装备在其接近或到达使用服役年限前也需要进行更换，这也集中爆发在这一时期。为了应付战争急需，很多资金也被迫投向现有武器系统的维持与改装。鉴于这一时间正同时进行着规模庞大的反恐战争，是将增加的军费投入向转型倾斜，还是保持原有系统先打赢战争，成了一个艰难的选择。以各类战机为例，很多机种都生产于 20 世纪七八十年代，到反恐战争时都到了报废退役的年限，但为了应对正在进行的反恐战争，很多又经处理后延期服役，随着时间的推移，这种情况越来越难以为继。比如，到 2010 年前后，美国空军的 F-15、F-16 机群，除少数较新的型号外，大部分都不得不退役处理，美国海军也有大批战机，如 P-3C、E-2 等都面临着这些问题。如果改变现有国防采购政策又会急剧地升高装备单价成本。2008 年末时形势就已经很清晰，希望用大幅增加防务开支的办法来继续现行的防务采购政策已不可能，转型和变革已经到了非进行不可的地步。

2001 年新任国防部部长唐纳德·J. 拉姆斯菲尔德（Donald J. Rumsfeld）上任之初，就发誓要将美国武装力量转型成为一支后冷战时代的新型军队，为此专门组建了力量转型办公室，并任命退役海军中将亚瑟·K. 塞布罗夫斯基（Arthur K. Cebrowski）负责为转型制定规划。然而，遗憾的是，无论拉姆斯菲尔德还是塞布罗夫斯基都并未指出（或者说清楚地表明）：由于军费开支、国际战略环境等方面的原因，转型已不可避免。两人迫切要求进行变革的姿态虽然给人们留下了深刻印象，但他们并未令人信服地阐述必须要转型的理由，导致并未凝聚美军上下对转型的共识（美国军界对是否转型已无疑问，但是对转型的方向及如何转型则存在较大争议）。也许是因为变革本身所具有的吸引力，或是由于令人激动的新技术已较为成熟，可以迅速地转化为战斗力，才让他们拥抱转型。总之，存在着太多为了转型而转型的举动，也正因如此，最后拉姆斯菲尔德不得不黯然离职。

就在反恐战争正酣之时，令人惊叹的现实却是美国武装力量暴露出的严重问题。提及后冷战的世界就意味着一系列新的军事战略形势和战术革命，但美国并未作好准备，特别是美国陆军非常不适宜新型的全球远征作战，在相继踏上伊拉克和阿富汗战场后，美国陆军发现自己就像中世纪的恐龙，面对无处不在的威胁应对乏力。在这一过程中，大量的新技术也被融合进了现有体系，但仍远未适应新的战术环境。2009 年初，奥巴马政府上台后，面对严峻的防务形势，既要面对正在进行着的战争，又要面临财政枯竭、无力为五角大楼盼望已久的全面变革买单的窘境，很明显，美国需要对其防务政策进行一次全面的评估和回顾。新世纪开启以来，美国武装力量面临的种种糟糕的现状构成了过去这些年要求转型的大环境。

在探讨转型前景时，一种途径是设想一下美国需要保留多少军队员额，才能达到自己希望的军事效果，最终这一数量规模将帮助确定每一次远征行动时，可以动员部署多大规模的远征部队。这种军事效果包括能够摧毁特定级别的关键目标，对敌方领导层造成特定的心理影响。这一要求迫切需要军队大规模采用新的微电子技术，达到能够使美国武装力量改变作战模式的程度，而作战方式的转变也必须是能够负担并且具备良好的灵活性和机动性、适宜远征战争需求的。这一概念听上去很简单，但实际上要在现实中实现却非常复杂。例如，军队规模削减，大规模运用新微电子技术和装备，将使军队人力成本急剧上升，因为要熟练操作这些装备，需要经过严格广泛训练的人员，如飞行员、武器操作人员、维护人员等，保有足够数量的这类人力资源就所费不菲。

过去的转型经历

美国武装力量对转型的迫切要求始于 20 世纪 90 年代冷战结束后，对后冷战时代不同类型战争的思考和理解。在这一过程中，大量学者研究了不同时代的军事转型，或者说军事革命的经验和教训。他们得出的一个最基本的结论就是，成功的军事转型或者军事革命，不仅需要采用全新的技术，也要形成一整套与之相适应的新的战术或作战模式。两者缺一不可，只重视前者而忽略后者常常会导致灾难性的结果，而这一情况也是不少失败的转型经历经常犯的错误。

对各国早期所经历的军事变革的研究表明，美国现在所正在经历着的转型也正是前人曾走过的路，从而使其具备可贵的借鉴意义。转型常常源自沉重的压力，军事组织趋向保守的传统是因为一旦失败将会付出惨痛的代价。有时，只有真正经历了苦难和挫折，转型之路才会更加顺畅。历史上，因为一种新型武器装备使用不当而影响战争结局的事件屡见不鲜，其中较经典的案例，是法国19世纪设计的新式连发枪械"蒙蒂尼"（Montigny Mitrailleuse，一种老式机枪，亦译作"雷夫耶"机枪）对普法战争的影响。蒙蒂尼机枪是法皇路易·拿破仑三世资助开发的新式枪械，在今天看来，它只是一种较为原始的机枪，但在当时却拥有无与伦比的火力性能。法皇在见证了它的威力后非常兴奋，将它作为未来战争中的制胜法宝。为了防止敌人掌握它的设计，他将这种枪械列为最高机密，甚至绝大部分法军都不知道它的存在。结果，法军中几乎没有多少人会使用操作它，更别提为其设计战术以充分发挥性能了。1870年，普法战争爆发，蒙蒂尼机枪也被运抵了前线，但不幸的是，法军中没有人能熟练操作这具类似传统火炮的自动枪械，而它的射程又不及普军火炮，直至最后法国被普鲁士击败，也没发挥出应有的作用。通过此例，可以看到新式武器和适用的战术模式相割裂所导致的灾难性后果。法国输掉这场战争有很多因素，但是从军事意义上看，蒙蒂尼机枪在前线的低效运用绝对也是个重要的原因。

如果从另一个角度来看待蒙蒂尼机枪的遭遇，可以认为它是一件威力强大的新式武器，但不幸之处在于由于当年法国并没有迫切使用它的愿望，导致它并没有被合适地利用，结果等到有这种理由和愿望时，却为时已晚了。就像蒙蒂尼机枪一样，如今，无人空中作战系统也为我们显示了无与伦比的可能性和潜力。但是如果美国没有深陷危机，没有感到令人绝望的、需要马上进行军事变革加以应对的新情况，那么它的重要性也就不值一提。所幸，现在美国武装力量的形势已快到这种紧要关头了，对无人空中作战系统的需求绝对是迫切的。它的特性意味着一种新的、非常有吸引力的空中力量使用模式，严肃思考这一问题将充分利用技术所赋予它的战术潜力。

其实，无人空中平台并非近一二十年才兴起的新技术，早在越南战争时期美国武装力量就开始了对无人平台作战应用的开发和研究，在实战中也投入过不少无人平台型号。正因如此，现在有一种意见认为：美国现在重提无人系统，实际上是浪费了早期其曾在无人系统研究、使用方面的领先地位，就像英国虽在第一次世界大战时率先发明并应用了坦克和飞机，但在战后却毫无作为，而给了德国人赶超机会一样。英国人的失败是由于他们在发明并应用了这两种新武器后，并没有去深入思考应该为其发展什么样的战术，因此他们在 1940 年时也不懂得如何与空—地机械化合成部队作战。这一结果很大程度是由于第一次世界大战后英国组建了独立的皇家空军，并将所有飞机都划归空军统辖。皇家空军对于空中力量的使用有一种很明显的观点，他们认为空中力量要取得决定性的战果，只有且必须通过战略轰炸来实现。这导致他们极端忽视战术空军的建设和与陆军地面部队的配合，战术空军与地面装甲部队的分离当然使他们无法理解两者结合后的巨大作用。这一思维甚至到第二次世界大战爆发初期也未能纠正。例如在 1940 年，皇家空军仍不愿配合陆军轰炸德国的地面部队，他们认为这样毫无价值。再转回美国方面，越南战争后停止继续发展无人空中平台，一方面是由于技术原

下图：无人空中侦察平台项目在越南战争后不再受到重视。图中为收藏于美国空军博物馆的瑞安 154 无人侦察机（AQM-91）。（美国空军）

因，因为当时电子技术远不完善，无法设计出更先进、更具智能化的无人平台；另一方面是由于在这一领域缺乏现实敌人的挑战和威胁，这也是最为幸运的一点，当时与美国竞争激烈的苏联将重点放在其他领域，美国并未感到严重的威胁。现在看来，美国应该为当年的好运而庆幸，但未来不会永远如此。无论别的国家能否发展出与美国相匹敌的同类系统，但至少他们重视这一领域的发展，并能够深刻理解美国无人系统的能力和弱点。

合适的例证：坦克及其战术

在成功的军事转型案例中，坦克及其战术发展是个较典型的例子。第一次世界大战期间，在西方战线爆发最残酷的堑壕战时，为突破德军以机枪、铁丝网和堑壕组成的防线，以英、法为首的协约国相继引入了坦克。根据本书前面的观点，协约国被迫转型，因为他们已有的战术和技术不足以实现其击败德国的战争目标。当然，也不是说坦克是打破当时战争僵局的唯一方法，在坦克出现后，德国也基于同样必须要转型的原因，发展出了针对坦克的武器系统和战术，比如大口径反装甲步枪，而且协约国在 1918 年发动的大规模进攻也并未有大量坦克参与。但是，在战争结束后，面对激战 4 年、伤亡达数百万众但谁也无法前进一步的沉闷结局，不仅失败的德国，即使是惨胜的英、法等国也意识到，军队必须要有所变化，以防止在惨烈的第一次世界大战中所经历的恐怖战局重演。

综合看待整个第一次世界大战战局的发展，其暴露出的最大问题在于，双方都没有一种进攻力量和手段，能够在突破防线深入敌方占据的阵线，并在敌方后援力量堵住缺口之前，发展、突破、扩大胜利。当防御成为一种更强的战术手段后，一切的战局都陷入沉闷乏味的意志、资源比拼。从更大的历史层面考虑，第一次世界大战中所暴露出的问题不可避免地源自工业大革命的结果。工业革命从本质上将欧洲国家转型为现代国家，例如，大量产品的生产使一国维持大规模的常备军成为可能，工业革命中迅速延伸的铁路线也使大批部队可以快速机动和部署。但是各国军队的作战战术却仍大致和 19 世纪下半叶相似：他们在战场上徒步行军、面对敌人结成散兵线匍匐前进、利用炮兵进行进攻前的火力准备……结果，在一方经过精心炮火准备，利用集结的大规模兵力实施突击，并在战斗初期徒步突破敌军防线后，总得面对对方由铁路快速输送而来的增援兵力。最终，进攻一方的攻势只能再次沉寂在对方增设的防线前，甚至有时还不得不面对对方的反突击。

1918 年，德国人试图集中其炮火火力于对方防线上的有限区域，进行超饱和轰炸来打破僵局。集中炮击在摧毁特定地区足够的防御纵深后，再由己方的突击部队从这些地区渗透进敌方防线。突击部队在遇到对方防线上的强点时不是选择与其硬拼，而是绕过它们向防线纵深和两侧发展突破。过去，德国人也曾使用过这种战术，但遭到失败，主要是由于为增强突击部队的火力而采用由大规模部队进行突击的方法，既影响了突击部队的机动性，往往也会引起协约国一方部署更多的部队进行反扑。后来，德国人改良了这一战术，突击部队缩小规模但装备火力更强的冲锋枪和轮式牵引迫击炮，提高了机动性和突然性。初期，这种改良后的点状突破战术也确实起到了一定效果，但很快，它就再次失败了。原因很简单，突击部队即便较为轻装并具备一定的机动性，但他们仍不得不徒步行军和作战，而协约国在防线后方有着自己的铁路网，突击部队在突破后发展的进攻成果很快就被对方新增援的部队填补和抵消。德国人首次于 1917 年在东线采用这种战术，就取得了较好的效果。1918 年 3 月，他们开始尝试在西线也应用同样的战术，但经过精心准备的进攻却遭到了失败，这对德国军队的精神和信心不啻一次重击。西线英、法联军也顺势发动了反击，迫使德国不得不放弃原先的防线，而在战线更后方结成了新的防线。

在这之后，双方就都没有多少信心去彻底解决突破对方防线的问题了，德国也因 1918 年的国内革命而无法再撑下去了。第一次世界大战结束后，法国陆军曾总结认为，1918 年战争的主要教训在于，凭借常规手段突破敌方由机枪、堑壕等组成的多层防线几乎是不可能完成的任务，因为在面对敌方的增援部队时，突破部队根本无法守住前线本已撕开的突破口。战后，无数学者也花费了巨大精力对其进行分析，也都证实了这一见解，而这直接导致了法国在战后将国防精力都投入到规模浩大的"马其诺防线"上。

　　现在，再次回顾当年的历史，可以将法国对阵地防御的看法视作他们认为无须进行任何变革的宣言，他们甚至还认为1918年能发挥得很好的战术到1940年还能够同样奏效。但是，世界已发生了变化，很多1918年刚刚出现的技术在经过20多年的发展后已成熟，特别是内燃机（机械车辆、飞机都使用这种动力）、无线电（可用于战术通信）等可直接运用于战争的技术更是如此。再后来，德国在第二次世界大战初期由于成功利用这些技术而取得的巨大战果，使我们再次看到新技术实际上加速了战争的步伐和节奏，也就是前文所提到的OODA环理论。德国人因为具有更快的指挥协调和组织计划能力，便能以更快的速度和节奏与对方作战，而OODA环中"观察—判断—决策—行动"这一决策过程，实际上存在于很多的人类活动中，当然也包括战争。当时，很少有人能够将新技术的采用与战争节奏之间联系起来，但是在两次世界大战之间，确实有一些想法和观念体现了这种联系。

　　第一次世界大战中，进攻战术的失败导致的最主要后果就是，一些国家，主要是法国，不再将进攻视作一种更强的战术手段，而是转向了它的反面，希望用强有力的防御避免第一次世界大战的重演。从一定意义上看，这也是转型，但是转型方向却出现了问题。但也有一些国家并不同意法国的结论，认为协约国虽然赢得了第一次世界大战，却是以一种不可接受的方式赢得的，实际上双方参战国都是失败者，而这种失败的主要原因在于双方陷入地面战斗的泥淖不能自拔。两次战争期间，多个国家，如英、意、法、苏等国，对未来的战争发展方向进行了研究和预测，并提出了相应的理论。例如，德国的"闪电战"机械化作战理论就形成于这一时期，其他还有战略轰炸理论（避免进行残酷地面战斗的替代方式）、进攻性潜艇战（同样也是为避免地面战斗）等。由于输掉了战争，德国在这场反思中明显对改变未来战争的作战方式更感兴趣。实际上，英国其实更早对新的坦克战术进行探索，但是他们在20世纪30年代左右放弃了这种努力，因为其政治领导层出于孤立主义的考虑，向民众允诺说将永远不再参与欧洲的战事，结果致使英国陆军日益警察化，专注服务于大英帝国的全球管治，直至1939年战争已不可避免之时才开始警醒，但为时已晚，到战争爆发时，英国陆军的现代化仍未完成。英国人曾希望，凭借着强大的战略轰炸机群，能够威慑任何潜在的欧洲强国，这一决定性的力量将能在交战时瘫痪欧洲国家，比如重新武装起来的德国工业经济和政治生活。正基于此，英国对德国在 20 世纪 30 年代所进行的军事转型，比如重新生产装甲车辆，才会掉以轻心。

在这些例子中，可以看出新技术、新武器的出现较易引起重视，但真正的教训是：只有那些懂得如何革新其战术甚至战略，以充分利用新技术特点的国家才会最后成功；相反，如果没有看清这一点，就只会得出如何采用新技术，使其适应既定战术、战略变革的观点。这两种观点实际上颠倒了因果，前一种看法中，以新技术为因，在其基础上发展适合的战术、战略创新；而后一种看法，则是因为要进行创新和变革，才考虑如何让新技术适应它们。

1940 年，德国在西欧遭遇法国时，其军队规模、坦克数量相比后者并不占优势，甚至可以说是居于相当的劣势。法国的坦克防护和火力性能更好，数量也更多，法国在坦克研制、生产和使用方面的经验也大大强于德国，但最终德国却赢得了对法国的战争，而且还赢得如此迅速、彻底，为什么？

通常的答案是，德国理解了坦克将成为新的战争方式的一部分，充分地发挥其速度和火力性能，而法国没有。1940 年，法国仍然认为步兵是一支陆军的主要力量，他们的步兵装备较重、机动性也相对较差；此外，法军的通信手段也较为落后，只适合在后方火炮的支援下进行 1918 年那种缓慢发展的战争。相较之下，德国人的战术手段发展得更快，他们已理解利用其战术俯冲轰炸机（"斯图卡"式轰炸机）作为高机动性的"空中炮兵"，用于支援己方同样具备高机动能力的地面部队（由坦克和装甲车辆组成的高机动作战集群）。法国并没有想到飞机还可以这样与地面部队配合，更没意识到德国的突击集群能够推进得如此之迅速，所以他们也就没有为其部队配备能够有效抗击"斯图卡"轰炸机的手段。理论上，法国也有足够的战斗机，但是法国空军却缺乏足够的后备战机和飞行人员。更糟的是，法国的作战指挥系统在战争期间反应迟缓，就在德国的主攻重兵集群（A 集团军）由阿登森林突入法国腹地后，其指挥系统还在根据 1918 年的经验作出判断。例如，他们认为火力支援意味着地面炮兵这些辎重部队不可能机动得过快。虽然当时德国和法国一样,其 A 集群军内所辖步兵部队也远非完全机械化,机动速度并不快,但德国人将集团中的坦克和装甲车辆集中使用,在脱离其步兵尾巴后就能具有极高的机动速度。德国正是凭借着 A 集团军所属装甲集群在空中部队的配合下大胆穿插和突入,使法军指挥体系很快就陷入瘫痪,各地驻军各自为战根本无法形成有效抵抗。法国空军在战斗中没有发挥应有作用,一种解释认为,德军突击集群在突破阿登森林后在法国色当建立了桥头堡,由于战局发展太快,使法国空军根本来不及动员和反应并扼制住这一桥头堡。最终,德国只用了 39 天就完成了第一次世界大战中用了 4 年都未能达成的战争目的——击败法国。

从某种意义上说,德国人的"闪电战"战术只是 1918 年点状突破战术的机械化版本,只是突击力量由原来的步兵集群改为了机

下图:现代无人空中飞行器之所以被广泛采用,不仅因为其能替代一些有人战机,更因为其具备一些全新的特性,比如长滞空性,不会受到飞行员疲劳的限制。图中为"全球鹰"无人侦察机。(诺斯罗普·格鲁曼公司)

械化的装甲集群。他们凭借着坦克、自行式火炮以及伴随的"斯图卡"（Stuka）轰炸机具备了更强的火力，但其机动性却远超以往。此外，这些火力中，特别是来自空中的支援火力能够在空中精确地覆盖更广大的区域，这有效阻止了法国军队的集结。时间的标尺已指向了 1940，但法国仍未能适应它。战后，一种较为幽默的分析认为，当时法国设于万塞讷（Vincennes）的司令部只有两部电话[4]，他们的指挥组织速度太慢了，根本无法跟上德国人的作战步伐，被击败也就在情理之中。例如，在战争最激烈之时，雪片一样传向法军司令部的情报中，充斥着"德军突然出现在某地"一类的说辞，这意味着法国的战场感知体系已跟不上地面战斗发展的速度。因为无法足够迅速地对战局中的种种变化作出反应，崩溃就成为迟早的事。

1940 年，法德战争清楚地揭示出，高度机械化的德国突击集群在面对以步兵为主的法军时享有多么大的优势。实际上，第二次世界大战初期，德军整体的机械化程度也较低，率先突入法国的 A 集团军事实上也是一支少量装甲师、大量步兵师以及骡马拖曳的辎重部队的组合，但德国人将机动性最强的装甲师作为矛锋，用它撕碎了法国的层层防线，获得了最后的胜利。相比之下，法军拥有的坦克数量虽多于德国，性能也较好，但他们在战前只组建了一个装甲师，也未演练相关的坦克进攻战术，其余坦克都分散配置在步兵集群中，由其伴随步兵部队冲锋并提供火力支援，就像 1918 年英法首次使用坦克那样。其实，法国也有这么做的理由，他们认为突入其防线纵深的敌军突击集群非常容易受到两翼的攻击。但是法国没想到的是，德军装甲集群在突入其防线后根本就不停留，而是直接消失在防线的后方，机动性较差的法军根本就没有把握战机攻击其侧翼的机会。

退一步说，即便法军指挥体系能够跟得上战局的发展速度，他们也必须集结足够数量的部队去攻击德国的装甲突击集群。步兵由于速度太慢不可能担负这样的任务，但如果德军装甲集群正好穿到法国装甲部队的面前，似乎就有机会进行这样的反击，事实上，战争中这种情况确实发生过。当时法国戴高乐将军指挥的第 14 装甲师正好碰上德国装甲部队，但已陷入瘫痪的法军指挥体系根本无法对戴高乐将军提供的情报作出反应，由于不了解战场情况，戴高乐并未主动攻击德军而是放任机会从手中溜走。除此之外，要对付德军的快速机动集群，法军只能依赖一些机动性更强的武器系统，在当时，这样的武器系统只能是飞机。但由于地面部队缺乏指引和协调轰炸机、战斗机攻击特定地面目标的能力，法军也不具备利用其空中力量阻击德军的能力。

从 1940 年战争的另一方——德军来看，就更能比较法军转型之误的教训。当时，德军装甲车辆数量虽然不多，但它们总是集中编组成集群，而且其坦克普遍配备了无线电，用以协调地面和空中支援行动。战争初期，德军坦克装甲比法军坦克要薄，防护性能也较差，但是它们在法国境内横冲直撞时通常并不会遇到法国的坦克集群，偶尔碰到混杂在步兵中的法军坦克，也能聚而歼之。为了实现装甲集群的有效使用，德军装甲集群需要较佳的机动性和优良的

下图：2000 年春，RQ-4 "全球鹰" 从爱德华兹空军基地部署到埃格林空军基地时，跨州飞行不间断，创造了 31.5 小时持续飞行纪录。（美国空军，乔治·罗马尔）

指挥控制。德军甩掉了步兵实现了机动性；用普遍配备的无线电解决了指挥控制问题。后来，当德国军队在北非、西北欧和苏联遇上盟国军队的坦克集群时，坦克的装甲厚度与火力才成为重要因素——而且，即便是在苏联，坦克质量的不对等依然不是决定性因素，因为与德国作战的苏联坦克部队缺乏训练，也没有出色的指挥官（很多部队开着刚配发的新坦克就上了战场）。

凡此种种，源于德国人真正理解了新武器系统对战术和作战运用的影响和启示，相比之下，法国却未做到。德国人并不只装备大量坦克，而且还采用了一整套战术体系，从而完美地赢得了 1940 年的战争。德国在 1940 年取得成功所具有的能力，也正是目前倡导 OODA 环理论的专家和学者所希望美国武装力量能够获得的能力。他们之所以这样认为，是因为一支规模相对较小的部队（将德军装甲集群与整个法国陆军相比，其规模小得多），如果能够更快速灵活地机动，而敌方根本无法对其作出反应，那它就能赢得战争。法国的失败既有未正确使用坦克的原因，也有缺乏通信能力导致在各个层次上（战略、战术）指挥调控失灵的原因，后者包括了解、掌握形势变化，因为法军未能认识到装甲集群能够机动得多快，他们也就不会向能够应对这种威胁的军事项目投资，比如大量的俯冲式战斗轰炸机。

在更高的层次上看，德军当年所做的正是美军必须要完成的。冷战时期，美国也在欧洲保有一支强大的驻军，准备在中西欧进行一场准备充分的防御战役。假设华约在欧洲发起全面进攻，这支部队必须要扩充到能够抵抗住华约大规模装甲集群突击的程度，再在地面战争交锋中遏止华约的装甲攻势。因为苏联对占据整个欧洲充满兴趣，其机械化战争理论和进攻战术也与德国于 1940 年所采用的同类战术相似，尽管在细节方面有所差异。20 世纪 80 年代末，驻欧洲美军也采用着类似的进攻战略作为指导，但这与北约的宗旨有所冲突，因为后者是一个防御性联盟，它并不愿意以战胜中欧各国为战争目标。极具讽刺意味的是，1990 年第一次海湾战争时，以美军为首的联军正是采用具有苏联色彩的进攻战略击败了伊拉克，而后者的防御理论和战术也常常被描述成英国式的[5]。

而在可预见的未来，我们将经历的战争不太可能以大规模有准

备的驻军开始。事实上，我们更可能发现：尽管在兵力规模上远逊于对手，我们仍须采取进攻性更强的战略以寻求赢得战争。1940 年时，虽然德军在数量上持平或略超过法军，但事实上德军真正的核心力量直至 1935 年时仍不超过 10 万。在明确了对法国的进攻性政策后，希特勒政府才以这 10 万人为核心迅速将德军扩编。可以说，战争之初，两国的军事力量差距并没有战争结果所表现的那么明显。德军在 1940 年的胜利也表明，实际上长期根植于法国军官及其军士头脑中的观念在面对一支转型后的敌军时，是多么低效。与德军在装备、战术思想方面的激进变化相比，法军不仅思想观念陈旧，其大量的装备也是遗自 1918 年，或者出自两次大战之间的和平年代。

在德国方面，战前的军事形势也并不乐观。战前，德军内部的变革派不断地验证新的战术和装备性能，他们不仅要面对同僚的嘲笑，而且这样做也违反了战胜国对德国军备的严厉限制，并且他们也没有权力将他们所设想的新装备和战术真正实现。古德里安（Guderian）偷偷摸摸用汽车营模拟装甲团在德军总参谋部的要员面前所进行的战术演练，足以说明当年德军观念、思维转型的艰辛。

左图：诺斯罗普·格鲁曼RQ-4"全球鹰"带内部结构的剖面图，能看到光电/红外和合成孔径雷达，以及劳斯莱斯公司的"埃里森"AE3007H涡扇发动机。（诺斯罗普·格鲁曼公司）

在德军的主要装备方面，由于战后英、法对德国的严厉限制，德军的坦克质量和数量都远逊于法国，至于飞机方面，差距则不那么明显，法、德两国在航空领域起点差不多。两国真正的差距并不是具体的技术装备方面，而在于观念差距，德国真正理解了新的技术装备必须要以新的方式来运用，如此才能发挥完全不同的效能。法国并不接受新技术将改变战争形态和节奏的观点，他们仍在想用坦克和飞机打一场和1918年相似的战役。

　　德国也有自己的局限，他们仅能为其军队装备一支有限的装甲师，从1939年第二次世界大战爆发到1945年战争结束，德军技术装备的比例与1918年时并没有显著区别，都由一支庞大的步兵、一小部分精锐的技术装备部队，以及骡马化的辎重部队组成。虽然德国在战术观念、技战术水平上拥有卓越的表现，但这一局限也使德国在1944—1945年在西欧面对完全机械化的美军时暴露出弱点。战争期间，除美军的技术装备水平高于德军外，苏军在战争中也迅速完成机械化。德国在面对这类对手时的落败，主要是由于其无法维持战场空中优势，失去了这一优势，其地面装甲集群所需的近距离空中支援便无法再进行下去。

　　而且，德国在战略方面也存在很大问题，他们设计了一支用于进攻的军队，其新技术和战术选择并不适应防御，特别是在空中战场处于劣势时的防御。战前，德国主要计划进行一场速战速决的战争，至少希特勒害怕他的政权会再像第一次世界大战那样旷日持久的消耗战中崩溃。这也说明，德国人意识到了他们的战争潜力有限，并希望利用其压倒性的进攻战略（采取防御性的战略，将给对手以喘息和充分动员的机会），在战争初期快速取得胜利以克服、避免此缺陷。这一通过战略进攻迅速解决战争的观念并非第二次世界大战时期德国才构思的，第一次世界大战时期他们也同样如此规划战争，这也是1914年第一次世界大战初期，德国总参谋部筹划的一系列进攻战役的根源。德国人的经历至少可以表明，第一次世界大战中具有较强战术价值的防御和第二次世界大战中具有较强战

术价值的进攻，在现代战争中同等重要，但德国的战争潜力却无法同时拥有这两种能力。

此外，德国在战争期间情报战中的表现也逊于盟军，德军"闪电战"并不需要掌握和了解整个战役期间对方目标的具体情况，而只需了解战争之初它们的位置。在一场速决的战斗中，这种战场感知要求可能并不难于满足，但一旦战事拖延，德军的战场态势感知就出现了问题。这一点在 1942 年东线苏德战场表现得尤其明显。苏联在战场上的战术欺敌行动一次次误导了德军，致使其战术优势不断丧失 [6]。总之，就整个德国的战争潜力而言，即便其军事机器再优秀，战术理念多么领先于同时代的国家，但与对手同盟国相比，其劣势无可挽回，因此他们先是输掉第一次世界大战，又接着输掉了第二次世界大战。

1945 年美国海军的转型

美国海军在 20 世纪 40 年代末所进行的调整也具有借鉴意义。1935 年，德国陆军不少有识之士开始着手解决与他们在 1914 年所遇到的相似的战略问题。而在 1945 年，美国海军也意识到了全新的战略问题。在刚结束的第二次世界大战中，他们在与日本帝国海军的战争中取得了伟大的胜利，但短短几年后，他们最可能面对的对手则是几年前的盟友——苏联海军。作为世界上最强大的陆权国家，美国海军在未来与苏联的对抗（无论是冷战还是热战）中将扮演何种角色？当时，各国开始普及几种对战争产生巨大影响的新技术，如核武器、喷气式飞机、可自动寻的导弹以及更快速的潜水艇。这些有潜力的新技术都可以用于未来的海军作战环境，那么美国海军如何调整、转型其力量？

选择、决策之艰难是显而易见的，因为美国国家战略在当时也处于不断变化、调整过程中。假如问题的关键是如何保护以西德为边界的中西欧免遭苏联的攻击，那么海军最重要的任务就是保护美国与欧洲大陆的大西洋航空母舰，以便能支援欧洲战场，或者支援保护陆基核轰炸机展开对苏联的战略核轰炸。但是问题没有这么简单，美国海军更愿意以其能力输送登陆部队、与苏联海军争夺重

对页图：现在，新型无人空中平台已显示出了它们的价值和可靠性，下一步则是让它们发挥传统有人战机的功能。图为诺斯罗普·格鲁曼公司开发的 X-47B 舰载型无人空中作战飞行器，为适应上舰要求，其机翼可折叠。在经历了一系列试飞和验证后，2008 年，美国海军空中系统司令部在当年的海军协会展览上展示了构想中的未来航空母舰混编舰载机联队的力量构成。联队包括 44 架攻击战斗机（F/A-18、F-35、F/A-XX）、5 架电子战战机（EA-18G）、5 架舰载预警机、19 架直升机（MH-60R/S，其中 8 架搭载于伴随航空母舰编队的其他水面舰只上）、2 架运输直升机，以及 8~10 架海军无人空中作战系统（N-UCAS）。这是无人平台首次被官方证实即将正式上舰，意味着 N-UCAS 无人平台将担负特别危险的空中任务，如果取得成功，它们可能会替代更大比例的传统战斗—攻击机。（诺斯罗普·格鲁曼公司）

要水道制海权或以舰载攻击机对苏联周边地区进行打击。这类凸显本军种重要性的想法本无可厚非，但海军未来地位和作用的现实问题却引起广泛的争议。批评者认为，如果让航空母舰充当舰载轰炸机平台，对敌方实施舰载轰炸，其炸弹投掷量远不如陆基轰炸机；赞同者则争辩称，陆基轰炸机进攻路线较固定，以其为主可能更为危险和低效。类似的争议还有很多。此外，美国海军还面临着新成立的空军和老对头陆军的军种竞争和利益争夺，后者对海军的各类构想也大加指责。当时北约最高军事领导人德怀特·艾森豪威尔（Dwight Eisenhower）也认为，海军的价值在于当苏联军队向西欧推进时威胁其侧翼，至少在当时就是这样理解西方所面临的直接威胁的。在战略空军再次崛起、核武器成为新宠之时，关于海军是否已沦为二流角色的争论最初被总统所终止。杜鲁门总统继续认为并支持海军应该保有进行一场小型战争以及在未来与东方爆发的大规模战争中进行支援的能力，至少在他看来，这种发生在欧洲周边的小规模战争在未来的冷战岁月中不可避免。据此，美国海军除继续保持传统的争夺制海权的能力外，更急切地开发具有核攻击能力的舰载轰炸机、更大的新型航空母舰，以及舰队的反潜能力。美国海军的打击能力也由最初设计的在公海摧毁对方的海军，转变为充分利用海上力量的机动性和灵活性，攻击陆上敌人以支援并赢得战争。当年这一定位至今仍深刻影响着美国海军。

回顾当年美国海军的转型选择，意义更为明显。经过重新定位后，海军具备了对陆上目标攻击的新能力，这也为后来西方海军所长期面临的苏联水下舰队威胁以及苏联利用陆基轰炸机攻击北大西洋航运船只的问题，提供了解决方案。到20世纪80年代末，鉴于苏联核潜艇部队四处出没，很多人认为海军不应再更多地聚焦于陆上作战，而应先专注于解决苏联的潜艇威胁，或者说力量发展方向转回经典的海军对海军的战争中。美国海军确实也希望保持与敌国海军在公海进行交战的能力，在一定程度上，它始终都在这么做着。但是，最终由于财政问题，美国海军发现它并不能完全通过更新现有舰队来实现制海能力的提升。例如，为保证核动力航空母舰、弹道导弹核潜艇等优先项目，美国海军不可能全面更新其庞大的反潜护航舰队，尽管它们在以往的战争中发挥了极重要的作用。面对资源有限和任务扩张的矛盾，美国海军开始学习利用新的技术手段来解决现有问题，如新开发成功的水下声响监控系统（SOSUS）、增强型岸上高频测向仪，以及其他类型的信号情报。对于苏联全力发展的水下舰队，美国海军的反潜思维并没有仍停留在坐等对方潜艇攻击己方船只后再被动应对的方法，而是采取更具进攻性的策略，利用诸如 P-3 这类反潜飞机主动出击[7]。美国海军也学会了以攻为守的战略，将其核动力潜艇部署到苏联海域，因为当时苏联已部署有一支庞大的弹道导弹核潜艇部队，如果这一重要的战略打击资产受到威胁，就能迫使苏联用更多的海军部队保护它们，从而减轻苏联核潜艇在其他海域对美国的威胁。美国进攻性的海军战略使苏联不得不将更多的海上兵力用于防守而非进攻，这也是同盟国在第二次世界大战时与德国进行潜艇战所得出的惨痛教训。当年德国潜艇也更多地采取进攻性策略，致使盟国海军不得不将更大的精力耗费在护航与反潜上，而对地面战场的支援甚少。

很多类似的多层次的转型在不知不觉中完成了，原因是其演化的速度相对较慢，而且涉及更多国家安全方面的利益，在当时也不易为外人所知。但是现在回顾起来，其轨迹、动机和取得的成果就愈发清晰了。

目前美军的转型

在美国方面，冷战结束后，美国武装力量很快面临着一个更加复杂的世界，原有的力量结构体系在失去敌人后也面临着新的挑战，而很多鼓吹转型和变革的人也仅看到新技术带来的机会，特别是计算机的大量新应用（例如网络）。保守者则认为现有武器装备体系以及战术或多或少仍能奏效，为什么要变化？人们此时对转型认识模糊不清，是因为他们也不清楚到底要怎样转型，或者说需要什么样的转型。

事实上，冷战结束后，不论是技术还是形势都已发生了巨大的变化。在冷战时期，西方在抵御东方的进攻时，或多或少都是在预先有准备的条件下进行，例如战后欧洲众多的基础设施、完善的通信网络和庞大的物资储备，双方都握有不能轻易运用的核武器。更

本页图与下页图：展示用的诺斯罗普·格鲁曼的 X–47B 模型停放在残疾人专用停车位，"B"型是在"A"型基础上改成了短、后掠机翼。（诺斯罗普·格鲁曼公司）

为重要的是，就未来可能爆发的战争而言，其地点、模式多多少少是相对固定的，所以双方的战争计划都务求详尽。当然，技术的发展也使双方的对峙发生变化，但这种变化相对缓慢。在西方，另一个不甚明显的因素则是，尽管计算机、信息技术始于西方，并在20世纪70年代或更晚些时候进入相对成熟的发展期。又尽管西方民事部门也广泛采用新计算机技术，但由于对这种新技术应用于军事的前景仍有怀疑，以及来自东方的巨大军事压力，西方军队并未很快大规模采用计算机技术，它们对西方军事领域的影响也不大。对新技术的缓慢适应也使西方并未理解它在未来可能对军事指挥控制系统的巨大影响，至少在20世纪70年代看来如此。

冷战的终结自然而然地使军队预算削减，但是东西方军队的减少并没有让世界更和平，地区矛盾在东西方体制解构后很快爆发出来，很多国家、亚国家政治实体或非国家实体作为新兴势力开始崭露头角，其中一些组织的活动不可避免地涉及了美国及西方的利益，这些都要求美国能够进行有效的军事应对。苏联解体后在中亚、东欧及东亚都留下巨大的政治真空，解体新造就出的国家也面临着种种不确定性。为了应对这种形势，美国的武装力量需要进行相应的变化，例如，为这些国家提供新的安全保证，频繁地派远征力量去解决突然爆发的冲突和战争。

那么未来发展趋势最有可能如何？也许最好的答案就是，未来是一个充满意外和令人惊讶的世界。阿富汗的例子正是如此，"9·11"事件之前，没人会预料到美国会在短时间内向那里派驻军队并一直战斗多年。在这样的世界中，有限的美国武装力量将不得不在没有准备的前提下迅速部署到海外。因为要迅速部署，所以远征部队很可能都是轻型部队，他们在当地要与装备更加重型的对方军队（常规战争）对抗、冲突甚至战斗，或者与无处不在的武装组织、游击队（伊拉克、阿富汗）进行一场分散的低强度战争。对于前者，部队需要集中更多的火力；而对后者，则需要更精确的情报收集和快速反应能力。这两种能力对于现在的火力结构和战术模式来说，都是较新的课题。所以现在的问题是如何利用在技术上的优势解决这些问题，这需要大胆地采用新技术，有针对性地革新战术模式。对于变革力量模式，这也将是一次主要机会。

对于转型，也有分析认为美国不能逃避某种形式的转型，因为美国确实面对一个与以往更加不同的世界，如果未能理解这种变化，未来就可能付出沉重的代价，就像法国在 1940 年所表现的那样。但在一定程度上说，当前美国所面临的难题和挑战比当年的法国更加复杂和难以理解，法国虽然没能理解新技术带来的新形势和新挑战，但至少在战略上（与德国的对抗）并没有多少变化；而现在美国不仅面对着技术的进步，基本的战略形势也以很快的速度演变。除了这些问题外，美国还面临着很大的经济问题（现有力量结构体系越来越无法负担）。

所以，我们如何在各种情况下都能击败一支人数、规模远超美方的敌军？以现有的力量体系为基础，我们部署的远征部队仍将享有一些基础性的支援，例如覆盖全球的天基侦察、监视情报，但要像第一章中提到的进行更精确的作战，还必须找到一种新的、更加强调侦察（感知）和通信的作战模式，因为这两者的结合意味着灵活性，而灵活性正是我们在这个变化中的世界最需要的能力。

下图：从大小方面看，微型或小型无人空中飞行器在尺寸上提供了一种有人战机绝对无法企及的能力。图中美国海军研究实验室开发的微型飞行器，它们都采用电力驱动。（美国海军研究实验室）

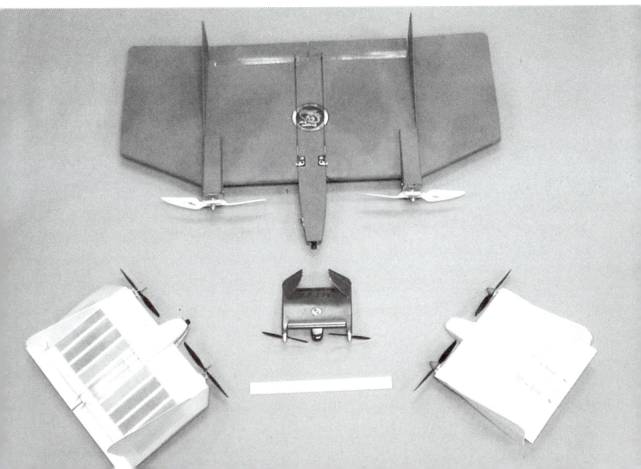

由于无人空中飞行器独特的特性，它天然地就是转型的一种选择，因为它的采购和使用成本比传统有人战机更便宜（相关信息可参阅下一章内容），并具备大量有人战机所不具备的性能。至少在伊拉克及中东区域，武装无人空中平台可在操控人员较少干预的条件下执行关键的反人员任务。在战争中，特别是在低强度反恐战争中，能够将战争压力施加到个人，这是一种巨大的优势。但是，如果正如目前无人机操作的那样，每架平台都须由自己的飞行员和操控者控制，它们仍无法提供比有人战机更强的灵活性。而且目前的无人空中平台在打击手段上也比不上有人战机，由于机体限制，目前它们只能遂行反人员和反车辆的任务。

灵活性也要求我们用尽可能少的平台（空中或地面）去执行尽可能多的任务，因为规模小，作为一个整体才能具有更强的机动性。未来也要求控制更加高效，这意味着更少的控制协调人员。德国在1940年的胜利是因为他们的军队比对方的机动性更强，动作更快，当然，德军选择彻底转型的道路也属迫不得已，毕竟第一次世界大战战败使他们几乎从零开始重建军队。现在，我们也处于和德军相似的历史关头，远征行动的作战使命必然要求我们以最灵活的姿态来应对复杂的世界。

灵活性也需要基于精确的战场态势感知，进行卓越的快速通信，这就是目前所谓的"网络中心战"。武器平台的网络化趋势，也使其能最大限度地利用卓越的战场感知带来的快捷信息，无人空中作战系统也易于大规模采用，以遂行这样的作战行动。独立控制的有人战机或无人空中平台，也可达到类似的效果，但其成本要高得多，这不仅体现在经济方面，也体现在整个远征部队的机动性方面。

最后，我们再看1940年法国的教训。其实传统的法国陆军也可以击败德国，只要其数量足够多，多到能弥补因德军的战术、新武器以及最重要的灵活性而导致的差距。在德军突破法国的第一道防线时，它也可以立即组织几十倍的法军构成一道德军永远都无法突破的新防线。但是历史无法假设，即便如此假设，在两国人口、国力相差无几的条件下，法国也无法永远保持这种状态。反观美国，也能在不进行变革的条件下达成目标，只是要承受几乎无法接受的代价。

注释

[1] 20 世纪 80 年代初，本书作者曾专门研究过格鲁曼公司生产的战斗机的价格，特别比较了第二次世界大战时期的"地狱猫"和较新的"雄猫"战斗机。考虑到战机使用寿命和自 1945 以来的通胀率，F-14 的价格更为昂贵，但考虑到一小队 F-14 就可完成舰队防空任务，而在 1945 年要完成类似海空域大小的防空任务则需要一大群"地狱猫"，则费用的增加就完全可以理解了。

[2] 冷战结束后，军用飞机的产量再次急剧降低，这导致军机单价更昂贵。第二次世界大战后，由大批轰炸机组成编队所进行的大规模轰炸也不再出现。现在"战略轰炸"的概念虽仍然存在，但主要也以投掷核武器为主，这是因为核武器无限增大的火力抵消了轰炸机数量的减少。第二次世界大战时期，B-29 轰炸机可投掷 10 吨弹药，1000 架这样的飞机一次可投掷 10000 吨 TNT 当量的炸弹，1 架 B-52 可投掷约 25 吨弹药，由 50 架这样的飞机进行的地毯式轰炸可一次投掷 750 吨弹药。但在核时代，1 架这样的轰炸机就能投掷相当于数十万吨 TNT 当量的核弹。所以后来的战略轰炸机主要设计用于运载、投掷这类小型化的战略核武器。

[3] 第二次世界大战太平洋战争末期，美国与日本在菲律宾莱特岛爆发了规模庞大的海战。是役，美国太平洋舰队第 3 舰队司令官威廉·哈尔西对于航空母舰在夜晚的脆弱深有体会，他在战役期间将第 34 航空特混舰队（主要由战列舰、巡洋舰等水面舰只构成，原用于掩护准备在菲律宾登陆的美国海军陆战队主力）调离，与自己指挥的航空母舰编队混编后北上追击日本联合舰队第 3 舰队小泽治三郎率领的航空母舰编队（事后证明，该舰队只是作为诱饵，在调离美国主力舰队后，便于日本南线舰队突袭登陆船队）。战事本按照日本规划的方向发展，在日本第 2 舰队栗田健男率领的主力突击舰队（含多艘战列舰和重巡洋舰）出现在莱特湾萨马岛水域时，在此处掩护的金凯德上将大吃一惊（他只有数十艘护航航空母舰及大量驱逐舰，无力阻止栗田舰队全力攻击）。美国护卫航空母舰立刻向东后撤，

希望坏天气可以影响日本主力舰只火炮的精确度，同时立即发报请求支援。太平洋舰队总司令尼米兹甚至明码向哈尔西询问"第 34 特混舰队在哪里"，并电令哈尔西南撤。但粟田在关键时刻错误地将那些护航航空母舰当作了美第 3 舰队主力舰只，加之莱特湾萨马岛附近的美国驱逐舰英勇无畏的攻击行动（多艘驱逐舰自杀般地对日舰发射鱼雷，吸引日舰火力。为了躲避鱼雷，日舰不得不分散自己的队形，延缓了其攻击进度），就在粟田突击舰队就要改变整个战场形势时，粟田感觉美军支援舰队正向他包围过来，因此他认为参战的时间越长，他遭到美国强力空袭的可能性就越高，于是放弃了与美护航舰队的交战而向北撤离，美国登陆船队因此避免了重大损失。

[4] 这也是后来美国空军上校威廉·S. 博伊德在阐述其 OODA 环理论时经常列举的战例。博伊德认为，当年法军在短时间内被击败并不意外，虽然当时法军规模庞大，其单兵作战素质和意志也较强（在战争中也给德军造成相当的伤亡），法国的将军们也极力主战，但是最关键的是法国的指挥决策周期太长，或者说指挥速度太慢。相比之下，德军快速发展的态势使法军领导层在战时完全失去了对战局的理解和掌握。他们无法预测德军的行动，也就无法作出反应。强有力地支持博伊德观点的证据是，当年法军的情报中总是记述着德军意想不到的一次又一次"突然"出现在某地。按照博伊德的观点，面对德军突然性极强的战术，法国政府实际上当时已陷入瘫痪，它完全无法提出任何有效的应对措施。法国当局在战前曾坚信法德边境的马其诺防线无法被突破的观点，也解释了为何在 1940 年德军攻入法国后，法国缺乏庞大的后备、预备役部队的原因，因为法国政府对那条防线信心十足，根本就没有进行动员。当法德之战行将结束时，雷诺总理告诉丘吉尔说法国即将战败，后者曾问道，法国的后备军在哪里，雷诺当时的回答是"他们根本就不存在"。

[5] 虽然保持了相同的进攻精神，但美、苏两国的指挥控制理论完全不同，苏联方面坚持严格的集中指挥，而美国则要求下层指挥官具有更多的主动精神。至于将苏联式的进攻与英国式的防御相比较，主要是由于伊拉克军队曾长期接受英式军事教育和

训练，也侧重于防守。另一个重要因素是，萨达姆作为独裁者，害怕其下属军官具有过多"进攻精神"而会推翻他的统治，他也总是更偏爱各类防御性的设施和计划。美国1991年在伊拉克所进行的"空地一体化"战役实际上效仿的仍是德国第二次世界大战时期的理论，特别是德国军事传统的精华——"任务导向指挥"（Auftragstaktik），这一指挥方式强调指挥官意图和命令的目标性，而非事无巨细地指导下属如何达成这一目标，这便于发挥下级指挥官的主动性和能动性。

[6] 美国陆军退役上校威廉·格兰茨通过大量的战史研究和资料查阅发现，与很多德国人说的（苏军用彻底的数量优势击败了德国）正相反，即便考虑到苏联之前所遭受的重大损失，到1944年，苏德双方在东线的力量对比基本仍算平衡，但由于德国在情报工作上的低效，导致苏联获取了重要的局部战场优势。格兰茨发现，战争中，渗透进德军指挥系统的同盟国间谍比比皆是，而他们成功安插进同盟国的间谍则较少。在东线，由于德军既未能有效地开展对苏情报收集，又未能防止苏军获取己方情报，使其前线部队对苏军的部署掌握甚少。甚至纳粹在白俄罗斯占领区开办的"土星"间谍学校，聘用的副校长科兹洛夫，其另一个身份居然是克格勃上尉。苏德战争初期，苏军低劣的表现使情报战的成功无足轻重，但后期随着苏军技战术水平的提升，这些情报和苏军的欺敌策略就发挥了更为重要的作用。

[7] 利用水下声响监控系统、高频测向仪（HF/DF）以及反潜飞机等手段进行反潜战模式转型的更多细节可参阅《海基空中反潜作战（1940—1977）》该专著于1977年出版，但当时属于机密资料，1990年12月31日后已解密，美国海军遗产和历史中心作战档案分部收藏有该著作的复印本。

5

飞行员的任务

在美国国防的总体计划中，由于纯粹的无人机部队不再需要飞行员，故无人空中作战系统应用范围取决于对飞行员担负职责的重新定位。我们必须思考的是：技术进步和变迁对飞行员角色究竟有何影响？不同无人机的成功亮相表明飞行员在这一新武器系统中并非不可或缺。不过从另一个角度看，则可以说飞行员依然有其作用——甚至可以说永远有其作用。那么，如何界定哪些任务需要飞行员，哪些任务不需要飞行员呢？

事实上，也许有些任务运用无人机能取得更好效果，而有些新型任务更是根本不适合人类飞行员去执行。

不过，当信息极少或出现难以预测的情况时（如设备故障或损坏），人类飞行员在创造力和决策方面的能力尚无可取代。当然，人类也有自身难以克服的弱点和局限，诸如难以应对复杂形势的作战规则，易于疲劳、需要维生系统，并且难以充分发挥飞机的战术技术性能。理论上，飞行员至少能发挥的好处是可提高飞机的灵活性[1]。将飞行员请出驾驶舱虽可消除前述限制，但同时也会增加通信和可靠性方面的风险：如果通信中断或受干扰，无人机该如何反应呢？还有，无人机该怎么应对敌方的战术欺骗呢？从某种程度上说，导弹已经遭遇过上述问题并进行了恰当的处理。不过，考虑到导弹的自动化程度远不及未来的无人机，且多执行持续时间短的特定任务，故其经验不足为凭。

自动化武器

纵观历史，武器的发展史就是不断用机械取代人力，逐渐向自动化方向发展的历史。在古代，由弓弦推进箭矢杀伤目标的弓箭（可看作一种最简单的机械）取代纯粹依靠人力的长矛，并带来了全新的远距离作战样式。随着武器上机械不断取代人力，战术战役和国家战略也随之转变。而每次发展变化，人们总是要面对同样的问题：人类在这一机械化武器系统中应当发挥哪些不可替代或不应被替代的作用？自动化的一大趋势是，除去必须由人处理的事务，一切可自动化的都尽量交给机器处理。通过自动化，武器系统中人的工作逐渐减少，由此带来的人员损失随之减小。历史经验表明，在同样条件下，战争中武器自动化程度低的军队在人员方面损失更多。接着回到飞机的话题，由于单个飞行员实际上执行了太多的任务，因此很少去思考哪些任务必须由人去做，哪些任务可（或者说应该）实行自动化。

前面段落的讨论中，我们主要讨论了武器系统而非武器，原因在于考虑到人的因素，如果单提武器则会过于狭隘。在整个武器系统中，最为关键的是战斗系统。一般，武器系统包括传感器、决策者以及武器三要素。有时这三个要素集中在一起且难以分割，如执行武装侦察任务的某攻击机飞行员通过眼睛（传感器）发现目标[2]，决定攻击，随后启动火控系统并进行火力打击。另一场景是，同样的飞行员奉命攻击某一固定目标，这种情形较先前就有了根本性的改变。无论何种传感器的作用都是发现目标，但决定攻击的命令却来自联队或中队（或更高层）指挥官。在全球定位系统的帮助下，我们对目标位置的确定越来越精确。飞行员此时的任务只是将攻击机飞到对目标的攻击距离内，然后释放可根据坐标自动导向目标的武器。不过，美国海军还是希望整个环节有人参与，因为决策或命令往往在真正攻击发生前数分钟乃至数小时发出（并非即时决定），而其间目标或其周边环境可能发生不宜攻击的变化。不过，所谓的有人参与，究竟是指飞行员必须坐在驾驶舱内，抑或操作员对无人机进行遥控就行了，这一点尚不明确。

从这个角度回顾历史也引出了这样一个疑问：战争是否最终会变成一堆机器之间的打斗呢？关注任何新型自动化武器（无人空中作战系统无疑属于此类）都必须面对这类问题。有一种观点认为，除非士兵愿意冒险踏入战区，否则我们的军事力量将显得空洞和缺乏说服力。例如，回顾阿富汗战争可以发现，改变战局的决定性行动是在 2003 年，当时美国派出海军陆战队在塔利班的据点坎大哈

在军事行动中，人能提供非常关键的判断能力。人的干预在那些复杂的战斗中依然起着决定性的作用。在非战时的紧张对峙情况下（如非友好的战斗机接近我方舰队），我们一定不会希望用无人机去自动执行驱逐任务，并且我们也不能假定无人机在执行此类任务时能确保与控制中心的通信保持顺畅。如图，一架美航空母舰舰载机 F-14 正在伴飞一架苏联图 -95RTs 海上侦察机离开己方舰队海域。这种可能导致战争的情形尤其需要飞行员作出最佳判断。苏联海军作战理论强调通过"先发制人"实现打击的突然性，而图 -95RTs 的侦察正是苏联海军实施此类打击的先决条件；不过从另一个角度看，苏联派出没有攻击能力的飞机，也表明他们无意发动战争。在 20 世纪 80 年代，美国海军曾进行过兵棋推演来解决前述判断问题，在推演中他们宣布"任何接近美国特混舰队 50 英里内的行为将被视为战争行动"，但局势的微妙使这个问题到底也没有得到妥善解决。做出判断，依然必须依赖人的感知能力，即 F-14 飞行员在空中实际看到的情形。这种情况下的判断显然与飞行员对给定坐标的地面目标进行打击时所做的判断完全不同。（作者收集）

1990年，"卡尔·文森"号（CV-70）在西太平洋/印度洋部署期间，"鹰101"伴飞这架从金兰湾出动的图-95K-22"熊-G"。VF-51中队的这架飞机装备了一枚AIM-54C和一枚AIM-7M，M61A1"火神"炮还带有675发20毫米炮弹。160660号机在1991年7月16日失事，当时它在"小鹰"号（CV-63）上降落时一根阻拦索断裂，飞机从舷侧飞了出去。两名机组人员都成功弹射。（美国海军）

建立了前进基地。该行动一方面向世人表明了美国军队的决心，另一方面则使许多阿富汗人脱离塔利班转而投向美国。我们通常在执行危险任务时使用无人机，目的也主要是为了减少飞行员的伤亡，比如利用无人机摧毁或压制敌方防空火力。这一情况似乎也从侧面说明了飞行员的判断力和创造力是需要着重保护的宝贵资源，而无人机则长于执行相对程式化的危险任务（如对地攻击）。

假若战争只是摧毁敌方战争机器或高价值目标的竞争，那么最好的武器系统必定是能以最小伤亡代价实现这一目的的武器系统，但真正的战争并非如此。德国军事理论家克劳塞维茨的思想依然没有过时：战争是政治的继续，是通过其他手段（暴力手段）实现政治意图的方法。换句话说，战争的目的是将我们的意志加在敌方身上并迫使其承认。我们进行战争的目的，是为了确保敌人放弃消灭我们或推翻我们体系的意图。战争与政治宣传的关键区别在于前者引入了暴力手段，而且，我方甘冒敌方对我施加暴力的风险也证明了我们的决心。虽然听起来像是糟糕的政治说教，但在武器系统中用机器取代人，并非为了挽救我们自己的生命（虽然常有这样的效果），而是为了获取军事效果。战争不是机器之间的斗争，而是人之间的斗争。一般来说，我们无法将敌方的所有人消灭，故作战的真实目的是改变敌方的认知。

当使敌方认识到在战争中他们流血而美国人却只损失机器时，会对敌方心理构成巨大震撼和压力。需要注意的是，这种心理反应在不同的地方可能会非常不同。在塔利班领导人的眼中，美国人不过是主要依靠武器的胆小鬼罢了。在阿富汗战争中，阿富汗塔利班领导人毛拉·奥马尔称，地毯式轰炸固然不错，但面对面的较量才算真正的战斗。因此，美国向坎大哈附近的塔利班基地派出海军陆战队行动，无疑向观望中的阿富汗人表明了美国人的勇气和决心，并使他们中的许多人脱离塔利班转而支持美国领导的联军。

最终决定战争的因素可能是拥有威胁敌方进行战争的能力——或是更彻底，对敌方的人口构成直接威胁。有些作者认为敌人之所以投降主要是因为其反抗毫无希望。当前的美国军事理论似乎符合这一模式，按照美国的理论，如果能深入打击敌方的作战循环[3]，将粉碎敌人的战斗意志并瓦解其抵抗。这一理论强调的是灵活与速战速决。

任务计划

关于人与武器的问题，还可从另一个方面进行讨论。通常，实现武器的自动化或机械化有两种方法。一种方法是对现有系统的某构成部分进行自动化。以飞机为例，这一途径采取的做法是用人工智能计算机或可接受操作员远程遥控命令的计算机来取代驾驶舱中的飞行员，后一种情况中的飞机可称为遥控驾驶飞机（RPV）。另一种方法则是对现有武器系统进行彻底的重新思考。无人空中作战系统就属于这一类，这也是为何笔者将其称之为"系统"而非简单地冠以"无人机"之名的原因。

如果我们当前的战术思想旨在实现最大的灵活性，那么将如何安置飞行员呢？飞行员是否将作为灵活性要素处于无人空中作战系统内，或是采取其他方法实现灵活性？我们不妨考虑一下飞机对地面目标进行攻击的情形。攻击目标可能是事先计划好的，也可能临时分配给一架正在攻击其他目标的飞机，可能是由位于前线的近距离空中支援观察员分配的，也可能是由执行武装侦察任务的飞行员自行发起的。除最后一种情况外，所有的灵活性均来自那些对目标进行分配的人员而非飞行员。换言之，飞行员对灵活性的影响仅在于其能适应任务的迅速变化——即便起飞之后任务发生改变也无妨。在自由开火区执行武装侦察任务的情形中，飞行员的自由行动依然受到一定限制，而且飞行员进行攻击的有效性很大程度上取决于其能否在搜寻目标的同时牢记任务限制（通常为地理限制）。飞行员进行自主攻击的能力还取决于驾驶舱中显示的是什么信息[4]。

我们逐渐通过大量分布的传感器来形成关于攻击目标的战术或战略态势图。近20年来，我们已经发展了这些技术，尽管最初并无此意图，但这些技术极可能被未来无人攻击机使用。其中最重要的两种平行发展的关键技术——机载自动任务计划系统和任务计算机。任务计划最初用来帮助飞机在航线中规避敌方防御以顺利到达预定目标。任务计划的过程十分复杂，需要考虑的因素很多，如飞机燃油的使用情况（更换航线后燃油是否足够往返）以及敌方防空力量的有效防区。即使多架飞机攻击同一目标，每架飞机都需进行各自的任务计划，以便在飞机从不同角度发动攻击的同时避开敌方反击。这类任务计划的制订通常需要数周时间，如对利比亚的黎波里的攻击和1986年对贝卡谷地的攻击。在贝卡谷地的攻击中，一分钟的延迟就导致了严重的后果，由于延迟，飞机未在太阳升起前到达目标而暴露，最终两架飞机被击落。

贝卡谷地空袭的经验让美国海军意识到研发自动化任务计划系统的重要性——由于任务计划在真正发起攻击前的时间内随时可能变化，必须通过自动化手段使新计划的制订更加迅速灵活。这种自动化系统所强调的灵活性主要依靠攻击计划的制订者，而非驾驶飞机的飞行员。不过大多数人对这一结论并不了解，许多人凭感觉认为，一旦攻击目标选定，主要就将依靠飞行员自身制订飞行及攻击计划。

制订攻击计划是一个反复的过程，因为最初看起来到达目标的不错航线可能蕴藏许多不可预料的问题，比如地形上的限制等。从某种程度上说，飞行员在制订攻击计划的时候，还要考虑自身通过机动或其他反制措施对抗敌方防御的能力。至少从理论上看，飞行员的创造性在这里有所表现，因为飞行员决定采取何种反制措施——仅仅了解已知或理论上的反制能力远远不够。随着敌方的防御体系越来越成熟，我们所依靠的除了飞行员能力，更多的还是诸如隐身材料、反雷达武器和干扰机等硬件手段。

在1986年，飞机上已经安装了任务计算机，引导飞机在飞往预先选定目标时经过航线上的各个路径点。这些路径点实际上是任务计划的具体体现，自动任务计划系统将产生的攻击计划通过盒式数据存储器传入机载任务计算机。到20世纪90年代，这套组合系统已经能帮助飞行员减少许多程序性任务，如起飞、从路径点飞到路径点（按照机载任务系统的指示）、自行进行攻击、任务完成后按设定路径点返航、必要时的空中加油、降落等。当然，在航行中，飞行员必须自主反制敌方导弹和抗击敌机。这一功能之所以没有采用自动化方式，是因为需要飞行员对特定目标进行瞄准和启动火控系统发动攻击。不过，随着全球定位系统（GPS）的兴起和改进，任务计算机能自动完成的攻击任务越来越多，这中间飞行员很少（甚至从不）进行干预。在这里起关键作用的是决定预定目标GPS 坐标的外部系统。即使是在无法获取 GPS 坐标的情况下，在光电传感器的帮助下，目标的图像资料也能满足全自动攻击的需要。换句话说，在攻击任务中，我们并不清楚飞行员的眼睛和大脑与机器相比是否有巨大差异。而机器在感知方面可能更为出色，因为凭借多频谱或超频谱传感器，机器能看穿伪装或消除太阳照射角度不同造成的影响。

在 20 世纪 90 年代初期，似乎唯一不能采用自动攻击的地面目标只是临时目标或时敏目标（比如前线空中支援控制员或无人侦察机发现的目标）。实际上，前线空中支援控制员可通过手持激光定位装置测定目标的 GPS 坐标。因为无人侦察机的图像并非总是适合测定其 GPS 坐标，所以对传来的目标图像，飞行员还需要加以识别定位才能发动攻击。不过，这种障碍也在逐渐地消失。2002年，美国海军展示了一种对临时出现目标完全依靠 GPS 坐标进行打击的方式。无人侦察机在发现目标的同时测量其 GPS 坐标，然后将这些坐标传送给飞行员。当然，肯定还会有无法事先测定坐标的目标，因此依然需要飞行员（或其他实体）进行识别——在未来战争中，这种情况在飞行员所执行的大量任务中只占极少部分。比如，搭载"地狱火"导弹的"捕食者"无人攻击机就是依靠将图像传送给操控员，由控制者标定目标并发出攻击指令。在干扰环境下，这种打击模式可行性不高。但有人驾驶战机很难像无人机这样在某一空域持续盘旋，等待敌方车辆进入攻击范围。持续时间长短是一个因素，有人驾驶战机太过暴露也是重要原因——潜在目标在发现飞机后会主动避开。

现实的问题是，在更大的军事系统内（飞机只是该系统的一部分），有哪些工作需要人来完成？对那些程序化的机器能做的事，用人去做可能会更加简单或具有更大的灵活性。但人之所以不可或缺，是因为他们在关键时刻能作出选择，且能创造性地解决遇到的问题（人工智能的支持者可能不以为然）。还有一种观点认为飞行员可以使飞机更为灵活。如果有飞行员的话，可以使航空母舰上的飞行联队在多样化的任务角色中自由转变，如从执行舰队防空或夺取制空权的任务转为执行空袭任务——目前尚不确定无人空中作战

系统的操作员是否具有同样的灵活性，因为无人机可能更适合执行
空袭任务。而且，无人机具有长滞空能力，非常适合执行空中巡逻
任务以防范不明威胁，在枯燥无味的空中环境对任何可能的威胁目
标进行打击。但另一方面，在环境不明确的条件下，飞行员对战机
的控制又显得十分重要——特别是处于非战争军事行动的情况下。
比如当一架对敌我识别信号毫无回应的飞机驶近时，需要飞行员决
定是否发射导弹，很有可能这架飞机其实是架客机。对航空母舰来
说，或许这个阶段将有人驾驶战机与无人机混合配置是最好的选
择，但不应忽视无人机所带来的全新作战能力。

从空袭的角度看，过去常见的对固定目标进行打击的任务可
能会越来越少，特别是在那些持续时间短的大规模战争中，需要打
击的无非是指挥中心或武器库等少数重要固定目标。在未来，战场
环境呈现动态特征，目标的重要性随着战局的变化会随时改变。当
然，我们希望专门设计我们的军事力量，使其能迅速识别环境的变
化并作出适当决策，且按照需要使用军事力量更快地执行既定决
策。目前，我们还不清楚传统的空中打击系统（不仅是飞机）是否
依然满足未来作战需求的最好设计。

当前，之所以要由人来选择和确定打击目标，是因为战局的
动态变化会导致目标的重要性发生变化，或者某些目标对敌方来说
具有特别的价值。飞行员一般不负责对目标价值进行评估，该评估
主要在两个层次进行：指挥中心根据战役节奏评估，或前线空战指
挥官根据威胁大小来进行评估。无论是何种情况，飞行员的任务都
非常简单：根据命令将弹药投送到目标之上。有时，需要飞行员在
执行任务时发挥一些创造性，比如在高架桥的掩护之下隐蔽地接近
目标。

从传感器到射手

通常，对自动化的倡议会引发一些敏感的问题。战争通常与
英雄主义和牺牲精神相联系，而这些特质在缺乏感情的机器上没有
丝毫体现。尽管同样是执行精确打击任务，但无人机按照程序执行
和飞行员冒着敌人猛烈炮火完成，给人的感觉有天壤之别。幸运的

是，通过回顾历史，我们已经知道应如何反驳这套过时的观念。从古至今，战争发展的趋势是从人与人面对面的打斗逐渐演变成远距离的机器之间的搏杀。以海战为例，最初两船相接时，决定胜负的是两船船员在徒手格斗中的表现，在表现帆船时代的电影中可以看到这类战争场面；到19世纪初，海战演变为远距离的舰炮互射，这时起决定作用的是双方船员的操炮技能和舰船损伤控制能力。现代海战则是舰船自动防御系统和反舰导弹能力之间的较量。与两个世纪前一样，海战的目标依然是控制海洋或防止敌方控制海洋。无疑许多军事狂热者会发现海战的残酷无情，并非所想的那样令人激动，但事实就是如此。

那么无人空中作战系统到底用在什么地方呢？我们认为，最好将无人空中作战系统看作人工控制的更有效手段而不是自动化的进步。这么说的关键在于"系统"这个词。该系统的可见部分很好理解，就是无人空中作战飞机。无人机又是更大系统的一部分，而通过该系统，人可在远离无人机的地方进行决策，并由无人机单独加以实施。系统设计中的一个重要问题是远端的操作员能提供何种程度的遥控。影响遥控操作的关键因素有两个，其一是操作员与无人机距离造成的延迟以及操作者的操作方式；其二是操作端与无人机之间通信的可靠性（该通信链路负责将无人机上的信息传给操作者，将操作者的控制指令传回无人机）。第一个因素中包括无人机向控制端进行反馈的问题；第二个因素则提出了关于后备系统的问题：当无人机无法接收所需指令信号时应该如何动作？无人机在通信链路存在但噪声太大时该如何反应？无人机如何从充满错误的指令和数据中拣选出所需数据？

当前，美国正在研发这类系统。联合攻击战斗机（JSF）上就越来越体现出其作为网络节点的特征，一方面它是常规战斗机，另一方面它还是信息搜集的平台。飞行员十分倚重通过无线电或卫星链路传来的信息，这些信息来源于其他飞机和其他外部传感器。在飞行中，飞行员对周围环境的感知不但来源于本机上安装的传感器，而且还来源于外部数据与本机传感器数据的融合数据。如果在联合攻击战斗机中实现了这一性能，那么飞行员坐在驾驶舱中有多大意义呢？而且当数据主要是在外部的某个地方集中融合，那么飞行员不在驾驶舱中又有什么区别呢？联合攻击战斗机的概念，主要是将原来一般由空中作战中心掌握的数据传递到飞行员驾驶舱，而计算机技术的进步则使这一想法有了实现的可能。不过，还不清楚单个飞行员是否能有效使用如此大量的数据，传统上对这类数据的分析处理是由地面上许多分析师完成的。为发展网络化战争样式，美国海军提出的口号是"传感器到射手的连接"。但要实现这一口号，需要使数据融合中心处理后的传感器信号能被"射手（飞行员）"轻易使用。联合攻击战斗机或许是前述思想的最终体现，在计算机世界里，信息总是多多益善。然而，在系统中，人的感知能力却是个难以克服的瓶颈，对飞行员来说，过多的数据会对良好判断构成干扰。

在一套武器系统中，人要做的事情非常多。一方面，人要熟练操作系统，处理一些程序性的事务。对飞行员来说，这包括成功地降落飞机或在存在其他飞机的空域安全地飞行。另一方面，人要尽力完成所有的程序性任务。对飞行员来说，这包括驾驶飞机沿预定航线飞行，如在任务中沿着既定的路径点飞行——需要注意的是，这一任务多年前就已经交给自动驾驶系统完成了。人所承担的第三个任务是：在不明确如何行动的时候发挥创造性并作出决策，在战斗中这样的例子比比皆是。与程序化的机器相比，人依然拥有更大的灵活性，可处理那些计算机难以应对的意外情形。

人的判断力或更广泛意义上的创造力常常意味着，人可以弥补自动化系统中固有的错误设计。这一论断在第一次世界大战前英国皇家海军对舰炮射击的讨论中还曾引起争议：在系统中，人之本身是问题所在（因为人会犯错误）还是系统的拯救者（因为人能对机器的设计或操作错误进行补救）[5]？人是系统拯救者的观点认为，人的创造性可以补救系统由于设计缺陷而引发的不可避免的故障，无论是在当前的数字化时代还是先前的模拟化时代，人都有此作用。也就是说，系统的良好运作将取决于人所犯错误与其解决故障能力的平衡。不过，人解决复杂系统故障的能力还取决于合适的人员及大量的训练。有种观点认为，即便最好的操作员能完成计算机无法执行的任务，但与普通的操作员、疲劳的操作员或那些已经淡忘所受训练的操作员相比，计算机依然占有优势。

关于计算机取代人的工作的例子非常多。过去，雷达需要人充当探测手，由人来决定雷达显示屏上的亮点代表的是真实目标还是噪声。雷达显示屏本身过滤了不少雷达传来的信号，但雷达操作手可以对滤波进行微调，使更多淹没在噪声中的目标信号进入显示屏。并且，雷达操作手还能从充满噪声的屏幕上巧妙地将目标与噪点区分开——这应该算是人的创造力的一大应用。20 世纪 70 年代，技术的发展使得雷达实现了数字化输出。雷达信号处理计算机通过设定门限的方式，只把那些超过门限的回波信号作为真实目标输出到显示屏。其中，信号处理计算机一般通过编程来设定合适的门限，使虚警率保持在可接受水平上。经验表明，好的雷达操作手通常先于计算机探测出目标。但由于人难以长时间连续保持这种警觉状态，所以平均看来，计算机的表现更好一些。而且，随着计算机能力的增强，也能通过检测目标的运动状态来识别真正目标，排除那些处于随机运动的虚假"目标"。当计算机能对检测范围进行微调、识别淹没在噪声中的目标时，与操作手通过细微线索判识目标的方法已经很接近了。与人相比，计算机还能通过持续对噪声信号的细节特征进行监控，从而获取更多的详细数据，此外它们还可以根据可能发现目标的位置对检测标准进行调整（例如，对空搜索雷达的噪声信号在空中与近地区域就有所不同）。许多现代雷达依然提供原始信号屏显（老式雷达的操作员熟悉的显示方式）以便查看计算机的处理性能。但此时，人的作用是系统监控，而非系统操作。还有许多雷达完全采用无人值守的自动工作方式。

因此，如果能在战地幸存的话，无人机至少可以提供更长的不间断飞行性能，原因很简单：计算机不会疲劳。在战术上，这具有重大意义。在动态的战场环境中，如能保持持续的空中存在，便可在临时目标出现时予以迅速反击。

当前，我们需要严格训练的飞行员来操控飞机，弥补飞机本身性能的局限。飞行员身兼数职，既要处理例行程序和应急任务，还要负责系统监控。我们认为，之所以需要飞行员来对整个系统进行监控，主要是为了在计算机故障时能进行干预以确保飞机及人员的安全。从无人机的成功应用中我们发现，飞机的飞行完全可以实现自动化。不过，目前无人机所执行的自动化任务中尚未普及自动防撞系统（可自动防止无人机与同一空域的其他无人机或客机相撞）。

已经有公司研制并展示了这类系统，目前的困难在于无人机检测其他飞机的"能视域"（field of regard）问题。美国联邦航空管理局要求该系统具有给定的安全等级，由于"能视域"难以直接转换为安全等级，故不被认可。如果防撞系统成功应用，则可在密集空域投放多架自主飞行的无人机。与常规飞机不同，无人机的飞行控制并不需要连续的技能训练，战斗力生成十分迅速。而此前的情形却是，如果需要向前方远征基地提供有战斗力的飞机，则需要包括飞机、燃油及飞行员训练在内的一长串后勤保障。

有时人们提出这样的观点，即是否开火或何时开火应由人来决定。对既定目标或分配目标进行空中打击的话，这通常不算是问题[6]。前面提到过，在目前的无人战斗机中，决策是由远端操控的人来完成。长期以来人们一直致力于目标自动识别技术，试图实现自动远程攻击[7]，但这主要应用于攻击地面车辆，我们当然希望击中的是轮式装甲运兵车而非载满平民的大客车。在低空高速飞行的情况下，飞行员是否具有比机器更好的车辆辨别能力目前尚不清楚[8]，要么两者皆不可靠，要么机器因为具有模式识别优势而胜出。

如果能保证通信即时和畅通，则可认为所有飞行员的职能都能通过地面控制者实现。但在现实中，通信会时常中断，这使得地面控制者对无人机的环境感知能力无法与坐在驾驶舱的飞行员相比（虽然新的模拟现实手段将使这一情形大为改观）。也许通过技术手段，无人机能够在没有持续通信的情况下自动完成任务，特别是在已分配目标的情况下。如果进行的是空空格斗、轰炸未定目标和应对敌方防空系统等任务，飞行员无疑是最佳选择。如果全面采用无人空中作战系统，我们可能会疲于应对各种通信干扰手段。不过在越来越多的情形中，飞行员更多的是充当驾驶员而非拥有创造性的战斗员。发展自动化的通常思路是将人从程序化的任务中解放出来，交给更为可靠和有效的机器完成。

飞行员还会对飞机的运用产生限制。有些任务难以下令执行主要是因为其明显的危险性，如极端天气等。而了解这些飞行限制的敌人可以高枕无忧，因为这种气象条件下他们是安全的。现在，我们可在恶劣气象条件下发射巡航导弹（本质上可看作一种单程无人空中作战系统），但通常情况下，战区内这种武器的数量并不多，而且它们无法对付临时出现或难以设定的战术目标。至少美国海军的"战斧"巡航导弹有此限制，原因并非造价太高，而是舰载发射器的容量有限（而且目前尚无更大容量的发射平台）。此外，即便天气晴好，飞行员的疲劳也会对飞机出动架次构成限制。

并非所有的机械化系统都是通过简单的替换方式来实现对已有人工系统的复制。对整个系统进行重新思考会得出更好的设计，例如，在执行武装侦察任务中，飞行员能判定地面上的某个色块是不是有效目标。比较直接的自动化方式是在驾驶舱设置一个人工智能机器人取代飞行员。而重新思考，则会发现飞行员的"判定"功能可在指挥中心完成，指挥员通过查看飞机传回的图像便可判别目标并命令无人机进行打击（在某种程度上，这一场景在有人驾驶飞机领域已经出现了）。改变作出判定的地点也有一定的战术代价——例如，可能会出现延迟现象，也可能对连续通信能力有更高的要求——这些代价有的能接受，有的则不能。总的说来，对决策的时间限制越短，这种自动化的吸引力越小。

20世纪50年代，美国海军初次提出了自动化指挥控制系统的设想，但反对者认为，决策的职责始终应由人来担当，因为没人能确定是否真有机器能作出正确的选择。结果是，决策支持的功能采用了自动化，但决策本身还是继续由人负责。在这种情况下，根据显示的战术图，实际上已经通过自动化作出了决策。自动化使战术图的显示更为及时，这对人们处理更复杂多变的战术态势极为重要。自动化还使人们更加容易理解可供选择的决策方案。在效果上，自动化已经取代了许多原本由人完成的固定任务。不过，人作为决策的中心地位并未改变。那些在有限范围内（如自动向来袭敌机开火）实现决策过程完全自动化的尝试也多被否决掉。但讽刺的是，1988年发生在霍尔木兹海峡的美国军舰"文森斯"号错误击落伊朗客机的事件中，武器系统正是被特意设定为非自动模式，以避免其在自动模式下判断失误造成灾难性后果。现在的观点认为，如果当时武器处于自动模式的话，则根本不可能朝客机开火。

"文森斯"号事件让我们对自动化的能力和局限以及人类进行决策的需求有了更深的理解。有人通过此次事件认为：之所以发生这样的悲剧，是因为自动化程度还不够，因为通过自动化处理呈现在舰桥作战指挥中心空情显示屏上的画面无意间给出了误导信息——接近的客机并未处在划定的民用客机航线走廊内。问题表面上归咎于计算机处理能力的不足，但在更广的意义上，则反映了军舰作战系统在设计时所遵循的"假设存在"问题。最关键的问题在于，该军舰的作战系统不过是早期人工系统自动化版本，这种自动化实际上是低估了人们所从事的那些看似程序化职能中（如探测和绘制空中目标图）所隐藏的判断能力。

近半个世纪以来发展自动决策支持系统带来的教训是，在进行系统设计时常常会将一些决策和选择强加给机器，而在匆忙中使用者往往并不知道或是忘记了这点。当然，这并不是否定计算机在决策支持中的作用，而是强调我们需要更好或更多的信息支持。计算机支持通常意味着计算机通过收集和筛选信息来辅助决策，并在决策者作出判断后自动执行命令。这个过程中，决策本身是人的职责。在某些情况下，由于反应时间短暂且战场形势本身十分简单，计算机将取代人的职责——如自动战术反导系统或自设目标反坦克武器（自我引导子炸弹）。在前面讨论的误击事例中，指挥官喜欢关闭自动模式（至少美国海军的舰载导弹系统如此），进行半自动操作。但即便是在自动模式下，当导弹作好发射准备时，指挥官依然拥有最终的否决权。虽然武器进行自动化运作，但不具有自主射击权，其运作遵循人们事先设定的逻辑，即人有权最终否决武器系统作出的射击判断。子母弹的例子稍有不同，因为一旦释放，便无法由人进行干预，其主要应用范围为：决定攻击目标是否正当非常简单的情况，且一旦作出判断就不会轻易改变。

通过"汉森斯"号事件，我们意识到，要设计成功的自动化系统，需要做的不仅仅是将人类的操作转换为计算机的操作，然后将关键决策部分交由人来处理，我们还需要对整个系统进行重新思考，来决定如何更好地辅助决策者作出判断。有时机器只是简单地用来替代人的工作，如飞机的自动驾驶系统；有时决策者不但需要那些非自动系统提供的表面信息，还需要更多应该掌握却常被忽视的信息。

而这一切意味着什么呢？以"文森斯"号事件为例，整个系统的顺利运作基于这样的假设：决策者清楚他们的计算机只显示客机飞行区的中间线，而非飞行区的边缘（在此范围内仍允许客机正常航行）。然而在实际操作时，指挥官却将这一点抛诸脑后，他们接受的训练使其将注意力放在显示画面上，按照画面的显示，伊朗客机确实偏离了给定的航线（中间线）。

另一起误伤事件更为复杂。2002 年，驻阿美国空军国民警卫队飞行员对正进行实弹演习的盟友加拿大军队进行了攻击。事发当天，美飞行员接受了一件轰炸可疑敌人据点的任务。按照常识，敌人在对美军飞机开火时会暴露自身，而飞行员的自然反应是对任何开火目标进行还击，飞行员头脑中对这些指示也十分清楚。尽管在早上的任务简报中，飞行员知悉了加拿大军队的演习活动，但就像在伊朗客机事件中指挥官忘记客机的空中走廊那样，加拿大军队演习的信息被飞行员忽略了。而且，飞行员驾驶舱中的显示面板上的信息主要用来引导飞行员从一个路径点飞向另一个路径点，对飞机在某一时刻的位置相对于友军或其他部队的信息并未特别强调。因此，尽管在飞机的任务计算机上显示有飞机的位置信息，但在飞机执行对预定目标的攻击任务时，这些信息一般并不会引起特别注意。理论上，地面控制中心可以附加一层指令，对错误位置的攻击行动进行否决，但显然系统中并未设置这样的预防措施[9]。

与"文森斯"号事件一样，这次误伤暴露的问题是：飞行员驾驶舱显示屏提供的信息往往基于一些未说明的假设情况。这是因为驾驶舱系统的设计旨在帮助飞行员对看见的目标进行攻击，并尽可能在单程攻击中确保精度。而飞机的其他部分则旨在将飞行员带到目标攻击位置——目标坐标在起飞前就已设定。这套系统中，隐含的假设是任务计划的制订者负责避免选择错误目标。如果目标是固定的且事先选好的，这套系统并无问题。但阿富汗的情形并非如此，很多目标都是临机出现的。更糟的是，未来的情形也多半如此。因此，飞机执行攻击任务中，最困难的在于作出是否对某一目标进行攻击的决定，而一旦作出决定，击中目标反而不那么困难（只要类似 GPS 一类的系统能正常运作）。因此，自然而然地，整个系统应围绕决定是否攻击的飞行员来设计。敌人火力对飞行员来说是个不错的线索，但前提是必须将友军的位置因素考虑在内。

注释

[1] 这种灵活性可能也有一定的虚幻成分。在第二次世界大战期间，许多战斗机都被描述为战斗轰炸机，即可执行空中作战或对地轰炸双重任务。但显然，这些战斗轰炸机的飞行员往往只接受通用的单一训练：要么空中格斗，要么对地轰炸。一位第二次世界大战时期英国海军飞行员在回忆录中，记述了他在接受重新训练成为一名"海盗"式攻击机飞行员后，对自己的空中作战能力顿时失去信心的情况。美国海军中，接受两种不同训练的飞行员飞同一型号飞机的差异也非常明显，如分属侦察中队和轰炸中队的 SBD "无畏"式侦察轰炸机飞行员。现代飞行员能同时执行空战和对地攻击任务的主要原因在于，现代战斗机的飞行员不必了解对地攻击的细节，当目标设定后，一切交给机载任务计算机完成就可以了。

[2] 根据作战飞机决策者的不同，"交战规则"也应有所区别。有些"交战规则"赋予飞行员决策权；而在另一些场合，目标指示员则是真正的决策者，过去战斗机执行对地固定目标进行攻击的任务时便是如此。而通过指挥中心对战机传回的待攻击目标图像进行分析、确认并经指挥中心授权方可进行攻击的情况则更为复杂。

[3] 指美国的 OODA 作战循环理论。该理论假设军事行动的指挥协调遵循如下循环过程：观察（Observation）、判断（Orientation）、决策（Decision）和行动（Action）。如果敌方的OODA 循环远慢于我方，则他们将在落后于我方数个循环之后才开始对最初的军事行动作出反应。从某种意义上说，美国在阿富汗对塔利班军事行动的胜利即是 OODA 循环的胜利。当然，单凭硬件不能确保一定拥有快速的 OODA 循环；但没有适当的硬件装备，同样也不可能实现快速的 OODA 循环。

[4] 当作战前线非常明确时，情形又不相同。在这种情况下，前出作战前线后，飞行员便进入了我们称之为"自由开火区"的区域。不过，拥有明确作战前线或明确自由开火区域的情况越来越少，大多数情况下，我们要在友军、中立者和敌方战斗员混杂的区

域进行战斗。

[5] 大约 1912 年，英国皇家海军必须在两种火控计算机系统中作出选择：德雷尔（Dreyer）开发的半自动德雷尔计算台（Dreyer Table）系统和蒲兰（Pollen）开发的自动化程度更高的阿戈式火控计算机（Argo Clock）。德雷尔的系统可以说是一种广义的数据平滑装置，通过对先前数据求均值来进行预测，操作起来非常简单，并且看起来在很长的时间都不用修正。德雷尔认为所有的输入都存在错误，人则扮演纠错者的角色，可使最终效果完全不同。而出身律师的蒲兰，根据其执业经历，则认为人才是最大的问题，因此寻求最少人工干预的自动化方案。许多英国的火炮军官认为蒲兰是一个真正懂得火炮射击学的天才，并将蒲兰发明的阿戈式火控计算机看作未来火控系统的发展方向。但英国海军部最终购买了德雷尔的装置，可能主要是采用该装置便可方便地运用一种新的近程射击战术。在蒲兰的火控解决方案中，几乎没有预留人工干预的设计，其最初型号的表现也称不上十分成功（或许这么说并不完全准确，因为装备了蒲兰火控系统的"玛丽女王"号军舰被击毁前，在日德兰海战中确实表现出极佳的射击性能）。不过，蒲兰的设计理念中蕴含了后来火控系统的雏形（后来的火控系统除全自动控制外，同时增添了人工干预的内容）。颇具讽刺意味的是，英国海军部弃购阿戈式火控计算机的主要原因并非其不先进，而是蒲兰要价太高且绝不松口；在拒绝采购阿戈式火控计算机的同时，英国海军部还鼓励巴尔和斯特劳特公司（Barr & Strout）仿造阿戈式火控计算机，后者曾研制了火炮测距仪——全然不顾其已经和蒲兰达成的专卖合同。第一次世界大战使巴尔和斯特劳特公司的仿制工作进展缓慢，待到英国海军部已经根据阿戈式火控系统要素制造出了一套可用的衍生系统后，巴尔和斯特劳特公司的仿制系统才完成。在遭到海军部拒绝之后，巴尔和斯特劳特公司为其系统申请了出口许可并获得批准出口海外。最终，这套系统成为意大利和日本海军舰炮火控系统的基础，最后又成为德国战列舰"俾斯麦"号的火控系统基础。而更为戏剧性的则是，装备了被英国海军部弃之不用的仿制阿戈式火控计算机的"俾

斯麦"号在后来的海战中一举击沉英国战舰"胡德"号，英舰采用的火控系统正是入选的"德雷尔计算台"火控系统。蒲兰及后来的巴尔和斯特劳特火控系统的一大优势在于其较高的自动化水平使得炮手无需多少训练即可操作，与之相比，德雷尔计算台火控系统需要多人紧密协作才能发挥作用。考虑到德国"俾斯麦"号战舰几乎没有多少时间进行训练，如果未装备自动化火控系统的话，其击沉英国"胡德"号的可能性微乎其微。后来的英德海战中，重创"俾斯麦"号的英国"威尔士亲王"号，船员也大多未经足够训练，其装备的自动化火控系统功不可没。详见《海军火力：巨舰大炮时代的舰炮和战术》（安纳波利斯海军学院出版社；2008 年航空工业出版社，中文版）。

[6] 不过，这一结论在比较模糊的情形下并不适用。例如，当对预定的某座桥梁进行攻击时，桥上或许正好有车辆经过或停放，且该车辆既可能是装甲运兵车，也可能是公共汽车，此时的决策就变得棘手了。因此，该问题的严重性很大程度取决于战争的激烈程度。在诸如第二次世界大战甚至越南战争这样的大规模战争中，这些错误可能只是被看作微不足道的不幸事件。但对类似科索沃战争这样规模不大且形势模糊的战争而言，出现这样的错误将会导致一系列灾难性的政治后果。

[7] 自动目标识别功能本身并不会扩大攻击距离，但可在更远的距离使飞行员锁定导弹要攻击的目标。除此之外，它还有助于减少通信，飞行员只需报告已经锁定预定目标，不必再将传感器数据发回基地。

[8] 当前美军的交战规则要求战斗机飞行高度不低于 1500 英尺，在这一高度，战斗机飞行员声称（注意是"声称"）他们能将真正的公共汽车和涂成公共汽车外观的装甲运兵车区分开来。飞行员在接受飞行训练的同时，也接受了所谓的"安全优先"的训练——除非对待攻击目标的合法性有十足把握，否则不要进行攻击。在科索沃战争期间，在飞行员对南联盟便携式地空导弹的惧怕和政治家对北约伤亡人数的忧虑的双重作用下，塞尔维亚人的假目标诱饵效果非常显著，例如，似乎北约的飞行员直至战争结束，都没有击中一辆坦克。

[9] 事实上，如果说"文森斯"号事件一半归因于自动化的话，那么船员对数据情报的判断问题也是一个重要因素。当空中客车客机起飞时，"文森斯"号与"赛兹"号护卫舰共同负责对伊朗班达阿巴斯机场的监视任务。每艘战舰都对这架起飞的客机目标分配了一个跟踪编号。由于"赛兹"号发现客机在先，所以它给的编号较小。在共同监视过程中，两艘战舰不断交换数据，其战斗系统希望通过这样的数据交换来消除重复计算目标并构建通用战场态势图。在交换过程中，"文森斯"号采用了"赛兹"号对客机的跟踪编号，但"文森斯"号的操作人员并不了解这一点，因为系统默认情况下并不显示。由于屏幕上显示的仅为二维平面图像，因此若要确定飞机到底是在爬升还是俯冲，作战指挥中心的操作员必须键入跟踪编号进行查看。不幸的是，与此同时还有另外一组战舰在附近（非法地）采用了同一分区的跟踪编号。由于舰与舰之间通过高频无线电传输数据，两组战舰之间的数据不巧融合在了一起。更糟糕的是，"文森斯"号分配给客机的跟踪编号被另一组战舰分配给了一架 A-6 "入侵者"（Intruder）舰载机。因此，当"文森斯"号的一位军官键入客机跟踪编号进行查看时，他发现该机正在进行俯冲——事实上，这是 A-6 正准备在航空母舰上降落。加之，那个周末（即 7 月 4 日）的情况简报会上，有份悲观的情报认为伊朗人可能发动"神风"式自杀攻击；显然这一情况也在"文森斯"号舰长的脑海中留下了深刻印象。而且，不巧的是，"文森斯"号战舰依然装备着老型号的"宙斯盾"系统，该系统只对伊朗客机空中走廊的中间线进行显示。因此，当空中客车稍微偏离中间线时（尽管依然在其正常的空中飞行走廊内），立即引起了"文森斯"号的警觉。种种凑巧不凑巧失误的集合，最终导致了悲剧的发生。追根溯源，这一灾难的发生主要源于对一个长久以来被淡忘的设计假设上：在邻近区域只能有一条数据链（Link11 号数据链）运作。具有讽刺意味的是，当时"文森斯"号被派往波斯湾的主要任务之一正是规范Link11 号数据链的使用（两组军舰采用同一数据链会导致跟踪编号交叉重复的问题）。

6

无人空中作战系
统的成本效益

无人空中作战系统与许多其他现代战斗机或攻击性飞机相似，虽然不需要飞行员，但其每千克的制造成本相差并不大——习惯上我们以每千克造价来衡量飞机成本。根据这一标准，如果无人空战作战系统的重量与 F/A-18 接近，其造价也该大致相当。不过，随着机载电子设备日益复杂，成本常常也由机体重量与电子设备的复杂度共同决定。由于初始造价并无太大区别，需要着重考虑的还有飞机编队的全寿命周期成本，而该成本取决于单架飞机的寿命周期成本和所需飞机数量。无人空中作战系统编队在这两个方面都完全不同于传统飞机编队。

在传统飞机编队中，为确保执行作战或战斗任务，每个飞行员都需经常训练以确保熟练度，特别是那些需要在航空母舰上服役的飞行员，其训练要求更高。因此，对常规载人战斗机中队而言，其出动架次往往取决于部署时间，而非战斗或其他任务的需求。并且，飞机执行战斗飞行的时间往往只占其服役后飞行时间的极少部分。无人驾驶飞机则不同，只需在执行任务或作战时起飞即可。事先的设备测试即可确定无人机在需要的时候能够出动，这实际上也是导弹（本质上也是一种无人机，所不同的是不能重复使用）的工作方式。

对维修和备件的需求通常用每飞行小时维修工时（MMH/FH）表示。飞机越复杂，两者的比值越大，即每飞行小时维修工时越长，每飞行小时的维修成本越高。通过改进电子系统可以大大减少电子设备维修工时，但对机械和发动机系统却难以进行同样的改进。不过，若能采用更为主动的飞行监控系统，或许有助于减少维修工时和备件消耗。这种待开发的飞行监控系统对无人和载人飞机应当同样适用。因此，目前削减维修成本的方法只能是减少飞行架次，将飞行架次减少 90%，维修成本也将减少约 90%，并且燃油消耗也将减少同样比例。

可以说无人空中作战系统在维修上更为便宜。根据前面提到的作战模式，无人机群在空中和陆地的应用比在航空母舰上更为广泛。从总体上看，在起飞和着陆（爬升和降落）时飞机会承受更大的载荷；因此，从某种意义上采用每飞行架次维修工时比每飞行小时维修工时更为科学。由于无人机可通过空中加油的方式实现较长的空中停留，故对航空母舰的机务维修人员而言，每飞行小时的维修负担会大大减轻。相反，载人飞机的起降更为频繁。

从飞机编队的角度来看，单架飞机的维修成本差异经过累计将会变得可观。许多飞机并非因为过时而封存，而是因为机身疲劳老化导致其强度难以承受每次起降时产生的压力。如果海军载人飞机的疲劳老化主要来自于起飞和降落，则无人机相对而言拥有两个优势：其一，无人机飞行频率较低，因此在给定的年限内飞行小时数更少；其二，在已发生的飞行小时中，由于起降不那么频繁，因此其疲劳老化程度更低，根据无人机的一般留空时长，这一因子大概为 5～10。对具有隐身性能的无人机而言，由于无须像普通飞机那样为躲避敌方的防空体系而机动，其机身所受压力和老化程度会更低。并且，由于采用外部瞄准系统，大多数作战飞机无须像以前那样低飞攻击地面目标。

在成本计算中，执行飞行任务产生的磨损也常常考虑在内。由于飞行频次较低，无人机的磨损将小于载人飞机，因此可以使用更长时间。这样一来，那些原本用于更换磨损件的资金便可用于提升无人机的飞行和武器系统。持续的系统升级可以最大限度地利用电子设备的飞速改进。

无人机比普通的有人驾驶飞机更为脆弱的说法并无根据，事实上无人机并不会更易遭受敌人攻击。

航空母舰上的舰载无人机

从美国海军的观点来看，如果在不削减作战效能的同时采用维护更少的无人机，具有深远的意义。航空母舰有大致固定的出航时间，并配备了大量的维护人员用于有人驾驶飞机的维修。采用无人机的话，相应的维护会大量减少，这样将会导致所需维修备件和维修人员大量减少——特别是后者相对而言所需成本更高。而且，航空母舰在一次出航中往往还需在前方基地进行物资补充。采用无人机会使上述需求变得不必要或减少。

航空母舰一般携带足够一周空中行动的燃油，因此需要经常从随行的补给舰补充——这一过程增加了航空母舰的脆弱性。此外，补给舰本身需要进行燃油补给，同时也需要保护。近年来美国的补给舰已被划入军事海运司令部并被解除武装，因为美国人相信其对海洋的控制力可以确保舰船在远洋的安全，但这一假设在势均力敌的敌人面前并非现实。为确保航空母舰舰队的独立生存能力，美国海军将不得不重新武装附属舰船，甚至在驶往油料补给点时派遣主力舰伴随保护。与此同时，航空母舰将继续远离敌方海岸进行油料和武器补充。对航空母舰编队而言，任何缩短补给间隔的做法将会减少其作战效能。相反，任何能延长补给间隔的事物将提高其作战效能。

采用舰载无人机可以大大减少训练时间，这一特点在前线海域意义尤其重大。航空母舰在前往目标海域时无需提供额外油料供飞机训练。节省下来的油料只需提供给无人机在战斗或执行任务时飞行即可。尽管航空母舰编队依然需要不时补充武器弹药和燃油补给，但所需补给会明显减少。而且，这样一来航空母舰编队的行动路线和意图将更难被敌人发现——据称，那些缺乏足够大洋监测资源的国家，往往通过跟踪附属舰船的行踪来确定航空母舰编队的动向，一是因为附属舰船速度多比拥有核动力的航空母舰慢，二是因为附属的补给舰船需要在沿岸（岛屿基地）补给点往返，易于暴露行踪。

例如，如果航空母舰使用舰载无人机，则其作战飞行时长可能只有普通飞机总飞行时长的10%。这样一来，原来航空母舰执行任务时够普通飞机使用一周的燃油，便可使用更长的时间——甚至在整个作战行动中航空母舰都无需在战区额外补充燃油。当然，这种想法有不切实际之处，因为航空母舰还需为护航舰队补充燃油。但不管怎样，在大洋深处，面对诸如潜艇之类的敌方威胁时，大量减少舰载机的燃油消耗对提高航空母舰编队的生存能力意义重大。例如，航空母舰的重大威胁之一是水下柴电动力潜艇，它们对在水面高速航行的航空母舰可能无法实施有效打击，但对处于停止状态进行补给的航空母舰有足够的时机进行攻击，尤其在该潜艇拥有外部无线电导航系统帮助的情况下。

值得一提的还包括另外一个因素，即飞行员。训练飞行员的代价十分高昂，且飞行员的后期保持也需要大量资金。这包括训练所需的大量飞机，且这些飞机同样需要消耗燃油、备件以及维修工时。因此，在计算作战飞机成本时，训练方面的成本也占有相当比重。

由于没有飞行员，无人空中作战系统也就无需考虑飞行员的训练成本（可能需要少量的无人机供维修人员进行维修训练）。当然，也许需要考虑对剩下的少数飞行员进行有关培训，使其适应与无人空中作战系统并肩作战。无论哪种情况，作战训练方面的开销都将较目前大为减少。

前述因为采用无人空中作战系统而节约的成本十分重要，因为迄今为止，航空母舰可以说是有史以来造价和维护成本最高的战舰，同时它们也是美国海军武器库中最有价值的资产。航空母舰是唯一能携带大量主战武器的海上平台，能对敌人施加持续不断的压力。考虑到航空母舰对美国海军的重要性，很难想象这种局面会在短期内改变，比如短期内还找不到在海上补充巡航导弹的简单方法（电磁轨道炮可使用易于补充的弹药，但其实战化还有待时日）。任何有助于提升航空母舰持续行动能力的方法，都将帮助美国海军更好地执行将美国兵力迅速投送到所需地区的任务。

最后，让我们从技术变化的角度对飞机的寿命周期成本进行讨论。几十年来喷气战斗机的发展经验表明，航空动力学和飞机发动机技术进步相对缓慢。飞机过时而被淘汰的原因是它们无法容纳新型雷达、计算机和数据总线等电子设备，因此无法在新形势下的战术环境中生存和投放新型精确武器。美国海军对所属潜艇和水面舰艇进行了诸如"声学快速检测设备植入计划"（Acoustic Rapid COTS Insertion，ARCI）的升级计划，这种升级模式同样适用于飞机。因此，可以想象通过这类升级可以使飞机机体的使用寿命大为延长，极大地减少每架飞机的拥有成本，从而有助于保持较大规模的飞机数量。

不过，拥有更多飞机需要特别注意下列问题。首先，降低飞机的磨损率非常重要；磨损率可能与每年飞行小时数有关（同样情况下，无人机的磨损率可能更低一些）。其次，延长机身的使用寿命同样重要。由于最新的复合材料机身几乎不可能进行重造和翻新——这些材料的飞行小时数基本固定，所以，一定要避免为保持飞机规模而缩减飞行时长以延长单机使用寿命的情况——除非能够保证大幅削减每年飞行时长不会损失任何作战能力。经验表明，飞行员的模拟器训练时长不能取代真实飞行时长。因此，前述问题的最终解决方案似乎只能是采用无人机。

无人空中作战系统的优势

通过前面的讨论，我们可以看到采用基于无人空中作战系统的战斗机作为现有作战飞机的补充，可以减少航空母舰的运行成本。如果抛开一切成见，我们甚至可以将巡航导弹看成一种"单程"的无人机——其维护和使用的代价与飞机相比显然便宜许多。我们之所以没有将巡航导弹当作飞行器，是因为它只能一次性使用。不过，巡航导弹的工作方式未必是一头撞向目标，在目标上空投下炸弹并返航同样合乎逻辑。事实上，苏联人在 20 世纪 80 年代就曾做过尝试，当时的契洛米伊（Chelomey）OKB-52 机械制造设计局设计了一种名为"流星"（Meteorit）的巡航导弹，其工作方式就是飞临目标上空，投下炸弹，然后继续向下一个目标飞行——这种设计与前面提到的让巡航导弹执行完攻击任务后返航的设想相差并不太远。而且，这种武器即使比现有的巡航导弹贵，成本差异也非常有限，尤其是考虑到重复使用的情况。唯一的差别在于，我们几乎不把巡航导弹看作无人机——虽然二者本质上是一回事。印度甚至曾将无人机当作巡航导弹使用。而且，在美国早期巡航导弹的测试过程中，如海军的"天狮星"（Regulus）巡航导弹，原型导弹采用了可返回基地的设计（尽管这些返航式巡航导弹与现在我们所说的无人机差异巨大）。

如果要达到与当前喷气战斗机相当的性能，则无人空中作战系统的机身成本与当前飞机成本大致相同（虽然无需维生系统会压缩

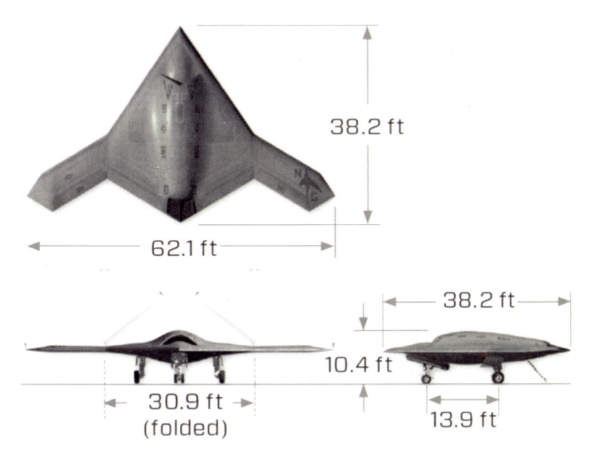

部分成本，但软件上的投资增加又会将其抵消）。

对当前的有人驾驶作战飞机体系而言，为训练飞行员，大约需抽调20%的飞机用于训练。而且，完成飞行训练并具有作战能力的飞行员为保持飞行技能，还必须每日例行训练飞行。大致上，完成训练的飞行员，服役后的总飞行时间中，只有10%左右是战斗飞行时间。我们知道飞行成本占飞机购买和使用成本的60%，包含飞机的磨损、备件和维修成本。这些数据只是粗略估计，但可使我们大致清楚使用飞机的总成本。

在无人机部队中，由于根本不需要飞行员，因此若要与普通飞行部队拥有同样数量的作战飞机，只需购买普通飞机数量的80%即可。实际上购买无人机的数量还可更少，因为在普通飞行部队中，能够作战的飞机在任一时刻只有部分参与部署，未部署的飞机及飞行员则进行常规训练以保持技能，以便同部署飞机进行轮换。如果无需进行技能维持训练，则可像导弹那样，封存于部署航空母舰上

上图：舰载 X−47B 无人战斗机在量产后的成本与 F/A−18E/F 战斗机成本相差无几；此外，X−47B 在软件上增加的成本也差不多会抵消 F/A−18E/F 在训练飞行员方面的投入。不过，使用 X−47B 依然可能节省巨大的开支，因为该机只在执行战斗任务时飞行。（诺斯罗普·格鲁曼公司）

的机库中。例如，为确保当前美国现役航空母舰正常运行，最少需要 10 个舰载机联队，方可确保高峰时部署 6 个联队的需求。这一情况意味着，实际部署所需的只是 6 个联队，因此若采用无人机的话，可以在当前作战飞机数量的基础上削减 40%。根据前文可知，当前部署作战的飞机数量实际上只是采购飞机总量的 80%。换句话说，为了保持 10 个舰载机联队的作战飞机，我们需要采购 12.5 个舰载机联队的飞机。而采用无人机的话，只需购买 6 个舰载机联队的飞机即可，在保持同样作战能力情况下所需飞机的数量少了一半多。

在当前的舰载机计划中，每艘航空母舰配 4 个战斗机中队，共48 架飞机。其中，两个中队为 F-35 联合攻击战斗机，两个中队为未来战斗机（可能为无人空中作战系统）。如果按照这个计划，只需采购 6 艘航空母舰（按美国海军两洋舰队中日常部署 6 艘航空母舰计算）的飞机，意味着少采购 156 架飞机，至于备件数量的减少暂且不提。而总体效果则是只需采购 144 架无人机（6 艘航空母舰需 12 个无人机中队）便可替代先前需采购的 361 架普通飞机。按照每架飞机 1 亿美元计算，可节省 217 亿美元——此处尚未计算燃

上图：诺斯罗普·格鲁曼 J-UCAS 验证机 X-47B 的四视图。（诺斯罗普·格鲁曼公司）

油和维修开支，且由于这些开支占了飞机购买使用总成本的 60%，实际上节省的成本要大得多。如将燃油和维修成本计算在内，则每架普通飞机在其寿命周期的总成本为 2.5 亿美元，少购买 217 架飞机将省下约 540 亿美元。另外，在使用过程中，每架无人机的飞行成本将更低——只有普通飞机 10% 的飞行时间可将其寿命成本从 2.5 亿美元降低到 1.15 亿美元，每架飞机又节省了 1.35 亿美元，共节省成本 190 亿美元。简而言之，由于采购 144 架无人机取代原有的 361 架普通飞机，可以将原需开支的约 900 亿美元成本降低到 170 亿美元；如果用更多的无人机替换普通飞机，则节省的成本将会更惊人。并且，为了考虑损耗等因素，前面提到的数字都略大于真实所需，但大致可以看出采用无人机在经济上的巨大效益。舰载机成本的降低将直接降低购买和运用航空母舰的成本。

另外，通常认为舰载机联队的购买成本和航空母舰的购买成本相当，考虑到一艘航空母舰在其服役的 50 年间需购买两个舰载机联队飞机，则采用无人机后航空母舰的运用成本将远小于购买成本，即舰载机联队及其运用成本将减半。这样一来，在同样预算

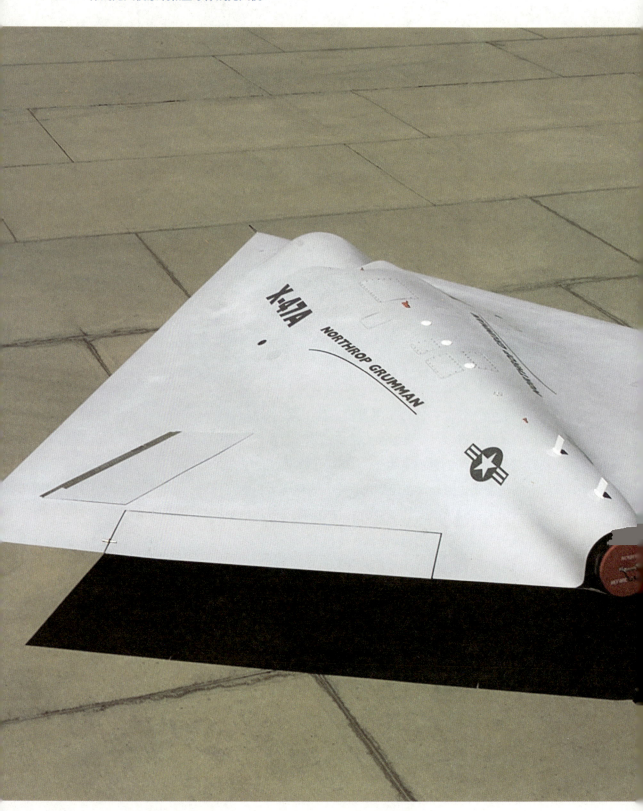

下，军队可购买和投入使用更多的航空母舰。

假设航空母舰的购买价格为 C，航空母舰寿命周期的运行成本为购买成本的80%。如果每个舰载机联队的购买价格也为 C（前面提到舰载机和航空母舰的购买成本大致相当），舰载机寿命周期内的运行成本为 1.5C，则一艘航空母舰及其舰载机在全寿命周期内的投入为 6.8C（以两个舰载机联队计算）——可以看到一艘航空母舰如此高的成本主要归咎于舰载机系统的成本（包括训练等）。采用无人机后，如果每个舰载机联队的总成本为 1.15C，那么一艘航空母舰全寿命周期的总成本为 4.1C，只有当前成本的 60% 左右——采用无人机后，在不牺牲任何作战能力的情况下，3 艘航空母舰的总成本只相当于当前两艘航空母舰的总成本。

当前，各种危机事件分布广泛且同时爆发的可能性增大。通过发展无人空中作战系统，在不牺牲能力的情况下增加航空母舰数量，无疑具有很大的吸引力。应对当前世界形势的另一个选择是削弱单艘航空母舰能力但增加数量（比如换用更小的航空母舰）。但其结果则是削弱后的航空母舰编队将无法运用高端舰载机（即舰载机的生存能力将减弱），且单架舰载机的成本也会更高——更无需说小型航空母舰根本无法装载足够战术使用的作战飞机这一问题了。这些限制也解释了为何其他国家海军虽然拥有小型航空母舰，却无法与美国航空母舰相提并论的现象。

左图：2001 年 7 月 30 日的首次展示中，从后方看到的诺斯罗普·格鲁曼 X-47A "飞马座" J-UCAS 验证机。（DARPA）

7 无人空中作战飞行器的作战使用

当前，美国已拥有两类武装无人飞行器的作战使用经验：巡航导弹，特别是战术陆攻型"战斧"巡航导弹，以及早期服役的无人侦察飞行器的武装型号，例如"捕食者"和"死神"（Reaper）无人机。将这两类看似并不相同的无人飞行器放在一起考虑，而非将其分开对待，是为强调这类无人飞行器可能的任务范围以及各类使用方式。

"战斧"巡航导弹

战术型"战斧"巡航导弹的攻击范围基本与战术战机相似，但它的攻击方式较不灵活，无法应对突然出现的战术目标，而且它也不能像武装侦察平台那样在作战过程中发现并攻击目标。这种导弹并不需要自己去发现目标，相反，它只是作为整套大系统中的一部分，目标信息由系统内专门的侦察监视传感器提供，巡航导弹只负责实施攻击（陆攻型"战斧"并不具备目标搜索监视功能，但反舰型"战斧"具备一定的目标搜索能力）。巡航导弹与飞行器（有人或无人）之间的相似之处并不在于两者使用过程中的灵活性（导弹发射前须经明确的目标指定，飞机在任务中却可表现得更为灵活），而在于两者在攻击固定目标时都依赖于事前的任务规划，这一点很少有人意识到。任务规划的作用对于导弹来说较为明显，但对于飞机而言则很容易被忽略。事实上，两者的任务规划过程并没有太大区别。美国海军为优化其舰载航空力量使用而采购基于"战斧"任务规划系统"自动空中规划系统"（AAPS）时，这种相似性得到了体现。美国海军采购这类系统是想使其空中打击更具灵活性，之前正是由于飞机在任务途中因规划出现失误导致攻击了友邻部队。

在早期使用"战斧"这类导弹时，也即自动化任务规划过程还未建立之前，为巡航导弹规划一次针对固定目标的打击行动需要耗费数天的时间，而且任务一旦建立，想要更改极为困难。美国海军负责采购和管理"战斧"的部门是海军空中系统司令部（NAVAIR），它也负责采购海军的作战飞机。在 GPS 制导还未普及的年代，"战斧"的精确攻击能力只得依赖于中段地形匹配制导技术，它的作战使用也极受这项技术的制约。利用地形匹配对攻击任务进行规划的过程极为繁琐和复杂，例如，需要对导弹飞行途经地区的地形进行详细的测绘并制成三维数字地图。在第一次海湾战争爆发后，为使"战斧"巡航导弹顺利投入使用，美国国防部地图测绘局（DMA）经过了 6 个月每天 24 小时的紧急赶制，才完成了伊拉克及周边地区的地形测绘工作。

　　第一次海湾战争中，采用"战斧"导弹或飞机在攻击固定目标时，也存在着一些显著的差异。就差异较为明显的方面看，导弹可全天候使用，而飞机在雨、雾等能见度过低的条件下，受限制较多，而且越是在这种情况下，导弹的精确攻击效能也体现得更明显；从差异较小的方面看，1991 年时巡航导弹的任务规划仍较为依赖高性能计算机，由于这类计算机无法在舰上使用，故导弹在上舰之前就须完成任务规划的制定，同时一旦上舰后想改变也较为困难，而飞机的任务规划也须在起飞前完成，但到空中后进行修正相对容易。这也是为什么"战斧"导弹在对巴格达市内目标攻击时，只能通过几条较为固定的路线。后来伊军也意识到这一点，经常在巡航导弹飞行路径上设伏，击落过不少导弹。这一缺陷主要与导弹的制导方式和设计思想有关，对前者，导弹采用地形匹配制导，需要在较靠近地面的低空飞行，以便实时对地形进行采样探测分析；对后者，巡航导弹设计之初主要用于对苏联目标进行攻击，面对其庞大的防空系统，类似巡航导弹这样的小型飞行器采用低空突防更易成功。因此，任务规划需考虑飞行路径上各类地形和所有可能的建筑物，以便导弹能够以高于地形或建筑物障碍 50 英尺的低空穿行。规划导弹的飞行路径也是件非常费时费力的工作，因为地形匹配制导技术要求飞行路径沿途地形的变化应较为平缓，如果地形变化加剧，遇到悬崖或陡峭的高山之类的地形，动力性能较低的导弹可能就无法规避。后来，新开发的采用 GPS 制导的隐形巡航导弹就较少存在此类问题，其巡航高度通常在 20000 英尺的高空，其任

一枚"战斧"巡航导弹在测试飞行中飞过陆地。最初投入使用的"战斧"通过测量下方高度匹配航路地形来实现精确导航；GPS定位技术使导弹的任务规划变得更简单。（雷声公司）

务规则系统也由于弹上计算机性能的提升而可以在飞行途中完成。

从使用方式上看，"战斧"巡航导弹与飞行器（有人或无人）最大的区别在于前者是一次性使用，导弹的杀伤效能只由一小部分弹头所体现，从经济角度看，这也增大了导弹使用的潜在成本，并占用了导弹发射平台的储备空间。以美国最大的导弹巡洋舰为例，10000吨级的战舰最多可搭载100枚类似的巡航导弹，即是说平均每100吨舰体可发射1枚导弹。与之相对应的10万吨的航空母舰则可搭载2000吨舰载机使用的弹药，而且舰载机弹药可通过多种方式补给，使航空母舰得以保持持续的攻击能力。就每吨位舰体能够投掷的弹药吨数看，使可重复使用的战机至少两倍于巡航导弹。

此外，"战斧"这类导弹的装填及海上输送极为困难，这并非其本身的原因，而是由于美国海军多年前采用的垂直导弹发射系统。一旦装备着类似导弹的战舰用完了弹药，它就只能撤回后方港口进行补给。相比之下，航空母舰的补给要方便得多，这一差异实际上使航空母舰拥有了几近无限的弹药，只要后勤补给能跟得上需求。

20世纪70年代初期，"战斧"刚被研制出时，对手的防空系统较为强大，美军为避免被击毁大量战机急需新的替代攻击方式，在这种环境下"战斧"作为无人的空中攻击手段被寄予厚望。1991年海湾战争初期，美军利用大量巡航导弹配合隐形战机率先对伊军的指挥控制、防空系统进行攻击，其攻击之顺利也使人们看到这种新攻击模式的前景。正如海湾战争所表现的那样，如果深入探讨，隐形战机和巡航导弹在作战效能上实现的效果是相近的；而如果战机采用隐形设计，使每次攻击飞行架次都较安全，人员伤亡为零的话，那么每投掷一吨弹药，利用可反复使用的战机似乎更为经济。至于现在，皆采用自动空中任务规划系统后，远程（长滞空）巡航导弹和有人或无人飞行器之间的这种相似性变得越发明显。

后来，GPS制导设备日益成熟，"战斧"也不再需要依赖事先对目标区地形的精细测绘。计算机性能快速提升，使得其体积能够缩小至安装到导弹上的地步。此外，导弹外形设计也多采用隐形化特征，种种因素结合起来大大简化了任务规划过程，巡航导弹也无须像以往那样只能在近地面的低空飞行，导弹也能在任务过程中根据需要快速重新装定任务规划。具备了以上新的能力后，巡航导弹的作战过程也变得更为灵活，它可以在任务区域徘徊待机，等待地面的目标指令。但导弹无法反复使用，一经发射后在待机期间如果未获得新的指令，就只能攻击预定目标。目前，一些战术型号的"战斧"及类似的巡航导弹，已能实现这种徘徊待机的功能。虽说导弹的徘徊待机时间较短，但在实践过程中，"战斧"的这一能力却与为无人空中系统集群所设想的待机攻击的概念非常相似。两者间主要的区别是可将无人空中作战系统视为协作式的集群，集群中一个平台发现目标后，通过集群通信将使所有平台都获得目标信息，平台间再通过比较评估其位置、自身状态及目标性质，判定出最优化的攻击实施平台，并由其展开攻击。对于战术型"战斧"导弹而言，如果有多枚导弹都在作战区待机，那么此功能将由地面指挥控制中心来实现。而且，考虑到无人空中作战系统拥有自己的传感器，它们有时能在空中自行发现目标，这也是当时巡航导弹所不具备的（当然，一些反舰型号的"战斧"也具备此能力）。

　　过去，飞机一旦升空，如需其在空中重新确定目标或规划新的任务，最重要的就是需要发展战机的 RTIC 能力，RTIC 意即"实时座舱目标指示"或"座舱目标重新定向"。美国海军的观点认为，RTIC 能力实际上由地面空中作战控制中心建立，中心综合各类态势感知信息，将需要战机打击的目标信息传输到战机的 RTIC 系统上，其提醒飞行员将机头大致对准目标出现方向，便于飞行员以更大的概率发现新目标。而目前，由于侦察感知能力的提升，通过其他侦察监视手段获得的目标情报越来越实时和精确，RTIC 这类能力在实战中的价值也在弱化。美国空军的看法激进一些，他们认为 RTIC 能力不应过多受地面控制中心制约，飞行员在空中应该扮演信息融合管理者的角色，传感器获得的目标信息或其他来源的情报信息经过战机智能系统综合判读后，最终结果应由飞行员进行管理和决策，以决定对探测到的目标进行攻击。这一观点似乎也为目前联合打击战斗机（JSF）所采用。

　　"战斧"更明确地反映出美国海军的观点，它可能发展出利用简单视觉处理技术进行提示的能力，但如果它要具备为 JSF 战机所构想的能力，就必须使其控制系统在人工智能方面有飞跃性的提升。当然，采用人工智能方法使武器系统具备自我目标管理的能力，在法律及战争伦理等方面产生的争议，就不在此讨论了。顺便提及的是，上文提及的 JSF 战机智能系统数据融合的能力目前仍在开发中，很多相关技术的不成熟性可能使这一开发触礁。

"战斧"导弹的操作方式同样引起我们的兴趣，且不论先前较不灵活的早期型号，现在最新的型号在执行任务时无须操控人员单独控制。通常，舰队导弹控制系统中的一名操作人员协调着其发射的多枚巡航导弹，监控着它们的飞行路径，让它们与有人战机的飞行路径保持距离，这主要是防止导弹之间及其与己方飞行器之间发生碰撞危险，有时，当两者在同一处空域出现时需要大量的操作。类似的系统也应用于其他海军武器系统上，包括导弹以及用于轰击岸上目标的远程火炮。能够实现这种能力，主要是因为战机或多或少都能被己方舰载监控系统跟踪到，再配合其他来源的信息，导弹控制中心就能实时掌握特定空域中己方目标的情况。不为每枚发射出的巡航导弹指定专人监控和负责，一方面是由于操控人员数量的限制，另一方面也在于对于这类较为智能化的系统，过多干预更可能会影响其正常飞行。

"战斧"导弹经过几十年的发展所进化出的这种能力（目前其他巡航导弹也大多具备此能力），源于它并不被视为一件独立的武器，而总是作为一套大系统中的组成部分。虽然一名操控人员同时负责为数枚甚至数十枚导弹指定目标，但在同一时间段内，也确实只能对一枚导弹进行控制。在经过几十年的实践运用后，美国海军也意识到这样的操作方式限制了一个指挥中心能同时指挥导弹交战的数量。在战斗激烈时，这样的限制可能非常致命，特别是考虑到舰队巡航导弹资源有限的情况。

巡航导弹作战程序的整套设计，非常注意让操控人员在需要时轻易介入导弹的指挥控制链路。现在，较新型号的战术"战斧"配备一个弹载摄像头，它在导弹飞行过程中摄制的视频可实时回传到控制中心，这一方式和目前无人机的控制模式非常相似，操控人员可直观地观察其飞行和战场环境，并适时干预、为其指定目标。但此方式也和无人平台操控时一样，都面临延时的问题，但这并非不可克服。另一种美国海军使用的巡航导弹"斯拉姆"（SLAM-ER），拥有自动化的目标识别作战模式，使其能够随时锁定攻击突然出现的、此前未被己方战场态势感知确认的目标。现在战机可通过其数据链实时接受这样的目标图像或信息，实施灵活度很高的打击，同样，"斯拉姆"的这种能力也使它能够进行更灵活的作战。推测起来，它的寻的头和控制系统可能对接收到的目标信息和其实际位置进行比较，对其飞行控制系统进行调整，实现打击目标再定向。由于可充分利用数据链，任务中途插入目标信息的这种能力较有吸引力。"斯拉姆"导弹射程较短，发射前由飞行员设定目标信息并在空中发射；而"战斧"导弹则由舰上发射，控制人员通过远程数据链对其进行控制。

就其战术能力而言，最新的无人空中作战系统相当于更加智能化的"战斧"导弹，外加能够返回基地重复使用，以及经空中加油延长滞空时间。

并不是说由于积累了大量使用类似"战斧"这类导弹的经验才使我们意识到无人空中作战系统所存在的需要解决的问题（现在已有不少解决了）。例如，无人空中平台的空中飞行管制就较为复杂，特别是大量无人机需要在同一机场较为集中的时间段降落时更是如此。因为少量无人平台尚较易规划，但数量较多又集中返航时，就需要加以小心了。毕竟，有人战机在类似场景时，飞行员可相互协调并机动避免紧急情况，并不需要航空管制部门过多控制，而无人平台则需要较多的主动控制。与此类似，多架民航客机集中降落在同一机场时，也需要航管机构的大量控制和协调。此外，如果无人平台成功地进行了空中加油，与传统飞机相比，就能获得更长久的滞空能力，也就会缓解后方基地管制多架降落飞行器的压力。

现在一些流行的徘徊式导弹在作战模式上更接近于先进的无人空中作战系统。美国陆军和海军已采购了"未来战斗系统"（FCS）中研发的"非直瞄（N-LOS）陆攻导弹"。美国陆、海军采购的型号都能在指定区域待机巡航等待攻击指令，这使其与现有的无人空中作战飞行器有明显区别。其中，陆军的版本可将潜在目标区域的实时监控图片（含有突然出现的目标）回传至操控者手中，操控人员据此完成目标判定，给徘徊中的导弹下达指令，由其完成攻击。而海军的版本，其目标探测和目标指定则由另一套系统完成。

　　这类作战方式较为灵活的徘徊式巡航导弹最早出现于以色列，名为"哈比"（Harpy），主要用于攻击防空系统的雷达设施。此类导弹的出现主要是针对现在防空雷达具有较强的抗打击能力，以往，这类雷达易受到反辐射导弹的攻击，为提高作战能力，最新的设计使其在感知遭反辐射导弹锁定后能够自动关机，令导弹失去目标。而"哈比"的出现，使雷达针对反辐射导弹的反制能力被抵消，"哈比"在雷达关机、失去目标后，可重新返回作战空域巡航，用随时发动的攻击威慑雷达系统，使其在相当时间内都处于关机状态。在巡航或者说徘徊过程中，导弹根据探测到的辐射源自行决定可能需攻击的目标，条件允许时也自主进行攻击，地面基本不对其进行干预。从其融合了导弹和无人平台的性能特点来看，它到底是一种导弹还是一架无人空中作战飞行器呢？这恐怕是个见仁见智的问题。在"哈比"出现后，现在各国也有不少类似的导弹，例如英国开发的"影狐"（Shadow Fox）飞行器就应用了类似的概念和技术，只不过它的目标是敌方车辆。因此，从这几类徘徊式巡航导弹带给敌方持续的压力来看，无人空中作战飞行器既能对敌保持足够的压力，又能反复使用，使其更具吸引力。

"捕食者"

　　尽管无人空中作战飞行器和"战斧"这类智能化的巡航导弹在作战使用上颇多相似之处，但很少有人将前者看作一次性的无人平台。对此，更易理解的例子是"捕食者"无人机，它装备了"地狱火"反车辆导弹。在 2001 年 9 月前，"捕食者"通常用于在阿富汗等中东地区遂行隐藏侦察监视任务，其最突出的性能特点是能够在中空分辨出地面的个人，其中一架中央情报局（CIA）的"捕食者"甚至在一次阿富汗的部落集会中辨识出了本·拉登。阿富汗战争打响后，以"捕食者"无人机为攻击手段的法律障碍被消除，它们开始装备"地狱火"导弹，凭借出众的侦察监视能力攻击地面车辆和人员。在阿富汗、巴基斯坦、也门，"捕食者"被广泛用于袭击恐怖组织领导人、支援地面部队等任务。在利用无人平台作战的方面，以色列也极富经验，由于长期受到恐怖主义威胁，他们很早前就研制了一系列低速长滞空无人监视平台，为其配备合适的武器后用于在南黎巴嫩、加沙地区进行定点清除行动。尽管新闻媒体不时传出这类无人机被击落的消息，但从其总体出动架次来看，事实上在实战中它们是很难被击中的。其原因可能是恐怖组织手中虽不乏对付常规战机的肩射式红外防空导弹，但无人平台的红外信号特征较弱，这些攻击手段的效果并不佳。与少量实际装备导弹的武装型相比，这类平台更多地用于侦察、监视，它们便成为恐怖组织营地上空的常客，而且它们的存在也并不意味着迫近的攻击。至少从公共媒体的描述上看，它们仍是非常有效的。

与"战斧"导弹需依赖地面控制及外界信息输入不同，武装无人空中平台更加独立，它配备着自己的武器和传感器。就美军现在使用的几种无人机而言，就像有人战机飞行员在飞行途中观察周围空域和地面环境一样，它们的操作人员也通过其传感器观察其所处空域的空地环境。又由于无人机飞行速度较慢，对地面的观察仍较有效，同时低速也易于抵消因层层指挥通信链路对其飞行进行控制时产生的无法克服的延迟；但同时，就像特定空域中较密集的"战斧"导弹需要地面小心控制一样，低速也限制了同一处空域可操作的无人机数量。而且，要在特定空域中使用尽可能多的无人平台，需要建立精确的航空管制和态势感知，如此才能显示并避免因过于密集而导致空中相撞的事故。具体负责无人平台操控的人员也要为其选择打击目标，并将这些情况通过数据链共享给其他操控人员，如此将需要打击的目标在无人平台间适当地分配，使得精确适当地打击个体目标成为可能。尽管现役的无人平台多数都不具备空中加油能力，但与有人战机相比，其滞空性能仍旧突出，所以其作为整体仍可以在数十小时内对特定空域内出现的目标进行实时打击，这种持续作战能力相对于有人战机而言已是飞跃。

由于武装后的"捕食者"在空中作战时更像一架平常的有人战机，很自然地，其飞行途中的操作也与有人战机类似。例如，美国有两处无人机遥控中心，一处位于克里奇空军基地，它由美国军方掌握，位于美国西部内华达州的沙漠之中，距其西北方向著名的赌城拉斯维加斯只有一小时的车程；另一处则由中情局控制，位于东海岸弗吉尼亚州兰利总部坚固的地堡内。美国空军第一批无人机驾驶员出现于 2006 年，由于工作需要他们总是和搭档一起工作。不同于大多数双人战斗机的驾驶舱串列式的布局，无人机驾驶机组的工作平台设置成并排而坐：左边是飞行员，他控制着飞行器的飞行和机动，同时掌管着武器系统，飞行时就像有人战机一样盯着眼前的空域环境和仪表指数进行操作；右边是传感器操纵员，他控制着飞行器搭载的各类传感器和其他情报信息来源传输的信息，其中最重要的是无人机头部的主视角视频传感器，它直接充当着机组眼睛的作用。每名操作人员面前并列排着 5 台大屏幕显示器，显示着包括主飞行视角在内的各种信息，如卫星传回的数据情报、无人机各系统工作状况等。目前，"捕食者"这样的无人平台直接与其操作人员通信，这意味着其数量取决于操作人员，而非其他较复杂的因素，例如可用的通信链接带宽或机载控制系统的计算能力。除了在需要时为地面部队提供火力支援外，无人机部队更多的时候是为地面提供"看见山那边情况"的能力，也就是侦察监视信息，这是早期战术侦察飞机所扮演的角色。现在有人战机的速度太快，所以这些"缓慢"的无人机就接过了这一任务，这也被视为它们进行侦察时的主要优势。

实际上，慢速但长滞空的无人飞行平台很像 20 世纪 60 年代越南战争时所构想的涡轮螺桨驱动的"反叛乱"飞行器，其优势在于拥有较长的滞空性能，能够长时间地滞留于作战空域。它能在作战空域持续盘旋等待目标，例如一辆满载重要物资的汽车，或是对一条交通要道进行长时间监视。由快速的有人战机执行类似任务时，要达到同样效果必须反复飞经同一区域，而且其飞行员在高速飞行的战机上也很难有时间去分辨他所见到的场景或目标。

现在，最大的问题在于这种作战模式到底是不可避免的必然趋势，还是历史发展过程中的偶然。以往，空中作战发展的趋势是集中化，这意味着由专门的空中作战中心来集中收集情报、为攻击战机指定目标。但那时，没有一种空中资产能够为地面部队提供精确的战术态势感知，尽管这类中心也能为地面指示目标、指派战机去支援地面部队。正因为缺乏直接联系和信息共享，美国的地面部队早年曾广泛配备前沿空中控制员，由他负责与空中作战中心交流、申请火力支援等联络性任务。

在这种作战模式下，侦察监视资产仍是相对稀缺的资源，只有在获得提示性情报（通常由情报机构或广域战略侦察平台，如卫星等提供）后，它们才会飞临特定地域进行战术侦察监视。可用性方面的因素也是美国海军的巡逻飞机在伊拉克和阿富汗大受部队欢迎的主要原因，它们飞行速度较慢，拥有众多传感器，而且最重要的，它们或多或少地直接被指派给地面部队，可长时间地为其提供支援。在使用无人空中平台作战时，最大的问题也在于它们的使用应当受制于上文提到的空中作战中心，还是直接由地面部队掌握。地面部队对空中平台的需求已被其所拥有的大量小型的无人平台所满足，他们可自由决定如何利用这些空中侦察资产，为其提供必需的情报信息。在实现这一步后，出现的另一个重要问题则是，地面部队使用的无人平台，其获得的情报能否有效融入其上级的战场态势感知中，抑或对其上一级指挥机构的判断、决策造成混乱。一种思路是将这些信息由自己消化使用，并剥离其中大量的背景信息，只把有用的数据上传至上一级态势感知体系中。而最终的问题又回到了我们建立战场态势感知的初衷：如何利用整合来自不同平台的侦察监视结果，并更有效地使用它们。

"网络中心战"概念代表了一种完全不同的方法和模式，侦察和监视情报来源于尽可能分布广泛的传感器，其获取的有效信息也能为广泛的用户所分享。显然，这时侦察资源不再是一种稀缺的资产，而是更为必需和普遍的作战资源。而无人空中作战平台只有摆脱以往那套作战模式，进入这样的环境，才能真正发挥出其自身的特点，以全新的方式开启属于自己的时代。

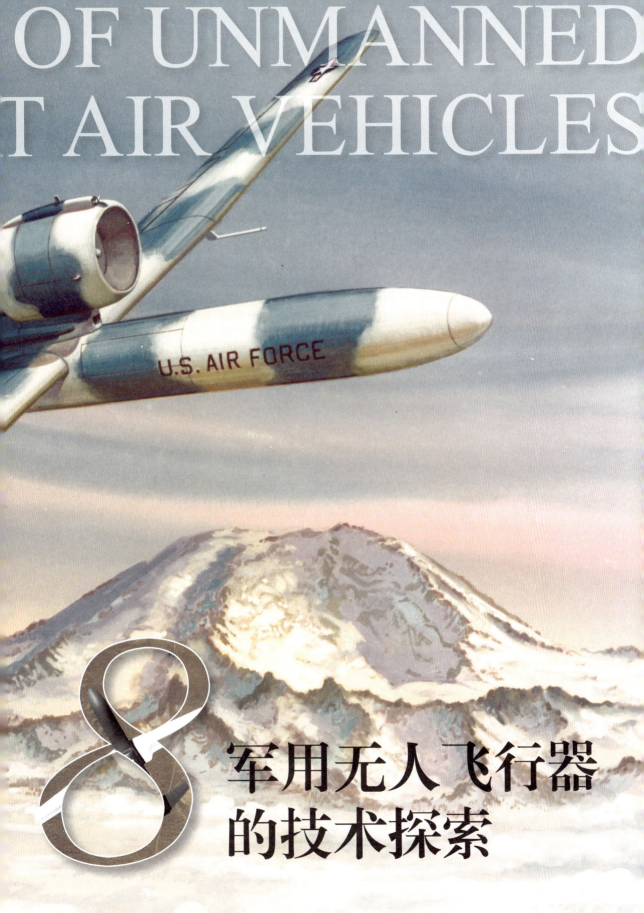

U.S. AIR FORCE

8

军用无人飞行器
的技术探索

为了简明起见，后续章节的内容排除了很多现在正在开发（已完成开发）的、但未进入军方服役（很多这样的飞行器也不太可能被军方采用）的小型、微型和纳米级的无人飞行器。这类数量极众的轻型飞行器之所以不被当作军用飞行器，主要是就尺寸和功能而言，这些飞行器的成本通常非常低（续航时间也较短，性能较弱），很多与模型飞行器的差别并不明显。正是由于无人飞行器在过去数十年里所表现出惊人的发展势头，很多国家竭力进入这一新兴领域，并努力在竞争日益激烈的世界无人系统市场发展壮大。其中，最明显的例子就是英国，英国政府和企业界似乎决意要打造具有世界领先地位的无人机工业，一些英国人士甚至认为未来军用航空业将属于无人系统而非现在的有人驾驶飞机。考虑到此前英国军用航空工业逐渐衰退和萎缩，很多航空器项目都进行泛欧开发和制造，这一决定的意义更显重大。从某种意义上说，认为无人飞行器领域是一个低门槛的工业领域完全是毫不现实的幻象，因为无人系统真正的成本和价值并不在于飞行器本身，而在于其搭载的传感器组件、飞行控制系统以及与地面控制站或其他平台的传输数据链。在本书记录的无人系统中，有些飞行器的地面控制系统是标准化的、通用的，但另一些飞行器则并未采用这样的控制理念。此外，由于书中很多无人飞行器都是近些年开发出的新型系统，其设计概念、实用经验未经实战考验，而且不少涉及各国军事机密，因此存在着资料缺乏、无法详细叙述的情况。

另外，还要注意的是，本书也未收录那些徘徊攻击导弹，例如美国的N-LOS导弹、战术"战斧"导弹以及以色列"哈比"导弹等，尽管这些飞行器也搭载着一次性使用的侦察监视设备，但也正是考虑到它们一次性使用的特点以及避免收录的飞行器类别、数量过于庞杂，才有这样的决定。事实上，无人空中作战飞行器（UCAV）

与这类徘徊式导弹之间的分类界限本就模糊不清，也有的国家认为未来可能开发的电磁武器（如非核的电磁脉冲弹）应该归类于广义上的无人飞行器。因为在理论上说，这类电磁武器的杀伤效应可能也会波及发射它们的载机，它们除了利用巡航导弹或一次性使用的无人飞行器进行搭载外，别无他途；因此尽管运输它们的载机或许能够回收，但此类无人机和巡航导弹之间的差别也并不明确。有时，无人飞行器也用作电磁干扰设备的载机，在这种情况下，如果它们因敌方的干扰源攻击武器而被击毁，那么即使载机能够回收，谁又能明确地把它们归类为无人飞行器抑或巡航导弹呢？

还要注意的是，现在各国对各类纳米级无人飞行群抱有浓厚的兴趣，也许利用它们可以组成一支庞大的平台集群。在一些开发实例中，它们的尺寸和体型堪比小鸟或昆虫，可以渗透进建筑物遂行大型平台无法实施的任务，但考虑到这类飞行器数量日益增多且很多开发项目因涉及各国军方的保密项目，因此只在本书中选取几种较有代表性的实例。

在后续章节中提及的飞行器尺寸和重量都采用公制单位，航程及速度以千米和千米／时表示；涉及飞行器重量的数量如未特别指明，通常是其最大起飞重量。

无人机／遥控驾驶飞机和无人飞行器

在无人飞行器（UAV）诞生的初期，也就是 20 世纪越南战争中后期，它们常被称为"无人机"（Drone）或是"遥控驾驶飞机"（Remotely Piloted Vehicle，RPV）。"RPV"这个缩略语可能最早应用于美国在越南使用最为广泛的"火蜂"（Fire Bee）无人机，而且当时美国空军也更喜欢这样称呼这类新出现的空中飞行器。经历几十年发展后，目前这类飞行器统称为"无人飞行器"。改变的并非只是名称，更意味着这类飞行器的自主程度、智能化水平与以往相比，已有了很大提高（虽然在越南战争期间，遥控驾驶飞机也能在没有控制人员的干预下飞行数百千米）。

很多被描述为"无人机"的飞行器（也常常被归为"无人飞行器"）通常都要预置任务参数，而且其中很多机型采用的也是模下图：以色列开发的"哈比"徘徊式反辐射系统经常被描述为无人飞行器，像其他无人飞行器一样，它也可在空中长时间保持巡航状态，利用其传感器（雷达信号接收装置）探测感兴趣的目标；但与无人飞行器不同的是，"哈比"一经发射后就无须再回收。现在，有相当多类似"哈比"的一次性"无人飞行器"在各国军中服役。"哈比"是导弹还是无人飞行器？两者的区别又在哪儿？图中"哈比"反辐射系统摄于2007年巴黎国际航展。（作者收集）

拟飞行控制系统（如模拟自动驾驶仪）而非现在常见的数字式控制系统，它们在任务途中按预先设定好的动作完成所有操作，对操作人员的干预也反应有限。从很多方面看来，它们都无法被称为现代意义上的自动任务—控制系统（它们也可能搭载对传感器感应产生反应的控制系统）。现代无人飞行器则是具有数字式（意即可编程）任务—控制系统，拥有接收指令和回传任务信息的数据链、发射后能够进行回收的无人系统；数字式的任务控制能力也使它们具有了在飞行途中感知和处理突发情况、修订和完善飞行任务程序以适应新变化的能力，而这正是以自动驾驶仪为代表的模拟飞行控制系统所不具备的。因此，至少从理论上说，一架无人飞行器不需要控制人员持续地对其飞行进行干预，一名控制人员可同时控制多架飞行器。但是，这类智能化飞行器在使用过程中，并不能使其使用者——空军轻易改变其固有观念，空军在更多的时候只是将其看作有人飞机的替代品，他们想为每架使用中的无人飞行器都配备全职的操控人员。但是，曾发生过因为控制人员（通常由空军飞行员转

职而来）操控失误而导致无人飞行器（"捕食者"）坠毁的实例。这些控制人员更熟悉大得多、快得多的有人战机，在无人飞行器进入螺旋后，他们习惯性地采用了有人战机摆脱危险的动作（但对无人飞行器来说则是致命错误）。这带给我们的启示可能是，无人飞行器可以更好地自主飞行，只有在最极端的情况下才需要必要的控制干预。美国陆军已经采用了"捕食者"改进型号"勇士"（Warrior）系列无人飞行器，由于他们没有空军那么多由战机飞行员转职而来的控制人员，在这些飞行器着陆时通常都依靠其自身的自动着陆系统，因此其着陆事故率比空军低得多。

而且，现在网络化的战场环境也意味着无人飞行器可通过数据链实时地将其获取的信息传输到网络中任何指定的平台或终端。为了获得足够的数据带宽或容量，数据链必须借助高频电磁信号，这反过来又限制了信号的传输距离，对于一架飞行在 3000 米空中的飞行器来说，这意味着它的数据链传输距离只有 210 千米左右。远程无人飞行器（如"全球鹰"系统）因此必须借助卫星数据链（其机首部位的卫星天线和飞行员座舱大小类似，用于连接卫星与飞行器）才能完成信息的实时传输。也正因如此，现在很多无人系统仍需采用传统的胶片或其他传感器作为信息记录载体，待返回基地后才能获得侦察信息。

2006 年 10 月，瑞典萨博公司（Saab）出版的一份资料中，将现代战术无人飞行器进行了划代（主要分为三代）。虽然现在不同专家对无人飞行器划代有不同标准和看法，但至少在笔者看来萨博公司的标准较具参考价值：第一代无人飞行器最初出现于 1985 年，第二代以 1990 年为分水岭，第三代则是 2000 年后的各类飞行器。资料中对比了各种飞行器的操作使用 / 维护成本，以及制造 / 开发成本，得出结论认为：第一代无人飞行器，以以色列早期开发的各类无人飞行器为代表，这两项成本基本相同；对于第二代无人飞行器，操作使用与维护成本基本持平，但制造及开发成本则两倍于使用飞行器的成本；而第三代无人飞行器，例如法国和荷兰联合开发的"食雀鹰"（Sperwer）无人系统，其制造及开发成本则增加得更多，且其操作使用和维护成本也有所提升。对于第四代无人飞行器，萨博公司预计，其操作维护成本将会下降，但制造及研发成本将可能持平。如果其预计无误，按这种趋势来看，无人飞行器净成本在未来会下降。

事实上，无人飞行器出现的时间并不短，它们第一次出现是在20世纪第一次世界大战期间，当时各交战国曾试图开发现在称为"巡航导弹"的无人飞行器，但限于技术能力，这更多的只是想象。在两次大战期间，一些国家开发出了无人靶机（采用无线电控制），但它们最初并非完全用于作战，部分原因是传统的拖曳无人靶机无法模拟出战术轰炸机新演练的空中攻击战术（如俯冲投弹）。而且在第二次世界大战爆发前，德国和美国都在开发无人作战飞行器（也就是一次性的导弹），但这些开发活动在战后并未产生明显的影响。相反的是，从20世纪50年代开始的类似研究却对现在产生了持续性的影响，从这一角度看，很多现在使用的无人系统就是那时研发的直接成果。因而，现在无人飞行器的历史可能就始于20世纪50年代的无人侦察机，特别是美国和苏联当时在这一领域投入了大量精力和资源。

20世纪70年代，美国成功地在越南战争中大量使用无人系统，也推进了这一进展，至少在美国，这类飞行器（无人机或称遥控驾驶飞机）在当时表现出了未来可能排挤有人驾驶战机的趋势。越南战争期间，美国有人驾驶飞机损失惨重，与此同时期的中东"赎罪日战争"（Yom Kippur War）中，也表现出类似的情景（战场对于有人驾驶战机太过危险），当时就有人判断无人机将在可预见的将来取代有人战机。然而，战后随着隐形技术的出现和普及，以及防区外弹药的发展，似乎推翻了上述判断，这也使1991年海湾战争期间，有人战机再次以极高的生存率重新主宰空中战场。正因如此，海湾战争后各国青睐无人系统更多是看中其具有一些有人战机所无法比拟的特点，比如数量（有人战机越来越昂贵使采购量越来越少）、持续存在于战场上的能力（没有飞行员疲劳的问题）；而现在，对高性能无人空中作战系统的追逐，则意味着人们又开始重新审视用无人飞行器整体替代有人战机的可能性了。

20世纪90年代，世界军用无人系统的市场相对较小，而且这一市场亦主要由以色列航空工业公司（IAI）所把持，直到1998年时，该公司也仅仅生产了600余架各类飞行器（以整套系统计，则少于 100 套）。而现在情况已有了根本变化，不断增大的需求，带动起了庞大的无人系统产业链。1991 年的海湾战争，可看作无人系统首次大规模登上战争舞台（配备实时传输数据链）；3 年后，北约在科索沃再次大量部署了无人飞行器，包括"捕食者""猎人"和 CL-289 等，但这场战争也显示出低速无人机在现代战场上的易损性，战争期间共损失 27 架飞行器（损失的飞行器更多是由于使用方面的问题，而非敌方防空系统直接击落）。

大多数无人飞行器为便于进行侦察监视，而被设计成低速飞行，这一概念是源于低速飞行更有利于传感器捕捉目标细节，从而更准确地判断和识别，但低速同时也大大降低了飞行器在危险空域的生存率。当然，如果飞行器本身成本较低，基于完成任务的考虑，这种损失并非不可接受，毕竟在任何情况下，损失低速无人飞行器都不如减少飞行员的损失重要。当然，无论飞行器价值如何，要快速大量补充前线部署的无人飞行器也是一件费力的事。对于有人战机来说，一种解决办法就是提高飞行器速度，但这对于低空飞行的战机来说成本更为高昂。另一种解决无人飞行器高速飞行提高生存率与低速飞行提高侦察效率的办法可能是数据融合，利用高速无人飞行器反复对目标进行侦察，再将侦察信息融合以提升精确度，可能就能达到与低速飞行器相同的侦察效果。

无人飞行器分类

美国军方根据无人飞行器的升限及续航能力，对其进行分类："HALE"意即"高空长航时"，"MALE"意即"中空长航时"。高空长航时飞行器典型的飞行使用高度在 15240 米以上，甚至可达到 21300 ~ 22800 米，在不远的将来，高升限更意味着可达到 27400 米的飞行高度。这类中、高空长航时飞行器典型的载荷能力可达到 400 千克以上，美军一些现役的高空长航时飞行器甚至可搭载 1200 千克的载荷；其续航时间通常超过 24 小时，数据通信链经由卫星链路进行远程连通。通常而言，超过 24 小时的续航时间，意味着这类无人飞行器一般在距起飞点 1800 千米范围内使用，例如"全球鹰"战略无人侦察机。当然，现在也有一些超轻型超长航时的无人飞行器，通常使用太阳能动力。中空长航时飞行器通常指飞行使用高度在 6100～12200 米、载荷能力在 150～400 千克、续航时间至少达到 12 小时的无人飞行器；这类飞行器一般可在距起飞基地 920 千米范围内使用，其通信联系则依靠卫星链路与中近程直线无线电链接的混合数据链模式，例如"捕食者"无人飞行器。目前，在高空长航时和中空长航时两类飞行器之间，新出现一类飞行器，如"死神"，它的使用高度在 12200～15200 米，更高甚至可达到 16700 米，其载荷能力达到 600～900 千克（其中舱内载荷 200～300 千克，舱外载荷 400～600 千克），续航时间约 18 小时。此外，一些国家也曾开发过所谓的"LALE"飞行器，即低空长航时飞行器，其使用飞行高度在 50～9150 米，续航时间超过 24 小时。

要注意的是，上述分类方式只是美国军方所采用的分类表述方式，其他国家也有其自己的标准，可参见表 1。当然，所有的这些分类标准和数据都是近似值，仅仅是给出对飞行器不同航程和性能的大致界定。

其他还有一些分类标准，比如根据飞行器数据的传输方式和使用范围分为战略无人飞行器和战术无人飞行器，前者飞行距离较远且数据通过卫星链路中继传回后方，而后者则直接将数据传回地面控制站。

尽管各类无人飞行器相互之间存在着相当的差距，但侦察监视类的无人飞行器通常都搭载着类似的传感器：光电、红外及可见光传感器，此外，还可能搭载激光指示器；一些大型无人飞行器还携带着机载雷达，甚至被动的信息情报收集阵列。考虑到各类无人系统多用于针对地面目标的侦察和监视，其雷达通常是具有高地面成像分辨率和动态目标指示（GMTI）功能的合成孔径雷达（SAR）。光电（EO）传感器组通常处于飞行器机鼻下方，之所以这样配置，一方面是为其提供尽可能广阔的视场，另一方面则是避免机体本身热源（发动机）对传感器造成影响。正因如此，不少无人飞行器的设计采用较短的机身配合单（双）尾撑的结构，将发动机和螺桨推进器布置于机体尾部或机身后侧，就是为了减少对机首传感器组的干扰。此外，本书中收录的大多数飞行器，在讲述其载荷配置时都并未对其传感器载荷进行重点分析，这是因为几乎所有的无人飞行器所载荷的传感器都含有功能、结构类似的光电传感器组，尽管它们的具体性能各有不同，但相对广泛的应用以及低廉的成本，使其成为无人飞行器上较易改装的部分，故在书中对其传感器载荷性能涉及较少。

对于地面部队而言，无人飞行器更多地表现为各级部队所使用的类型，例如，排级、连级、营级、团级、旅级、师级、军级无人飞行器等。等级越低的飞行器，其重量越轻，且飞行器也更加易于携带。因此，排级或连级飞行器通常是指那类可手持（投掷）发射的飞行器，它们也常被称为"微型"飞行器。目前，全球各国军队，特别是美国，对于这种微型飞行器的兴趣日益浓厚，其使用数量增多，可以组成空中集群以覆盖感兴趣的区域，如城市的特定区域。这些飞行器更多时候也被称为"机器蟑螂"或"机器蜜蜂"，它们能飞（爬）进较小的建筑物，因此很大一部分这类飞行器也不在本书收录的范围之内。

新出现的无人飞行器类型

除了现在的这些飞行器外，还有一些在未来可能会开发成功，且非常重要的无人飞行器，比如美国现在就有很多概念性的开发项目。在大型飞行器方面，美国国防部先进项目研究局（DARPA）已显示出对超长航时大型无人飞行器的兴趣，比如能连续滞空4~5年之久无须落地的轻量太阳能飞行器；另一类则是大型无人软式飞艇，它们能搭载大型相控阵雷达，危急时将其部署到战场上空受到严密保护的空域，利用其监视战场上敌方力量的活动（特别是战区弹道导弹），昼间雷达及其动力设备将使用飞艇表面的太阳能电池提供的能源（富余能源则储存起来），夜间则使用昼间储存的富余能源，实现全天 24 小时的不间断部署。这类搭载雷达阵列的大型飞艇已于 2010 年完成试飞，而这样一个平台投入使用后，就能提供本书开篇所提到的种种战术态势信息，而这正是无人空中作战系统所必须依赖的。

在种种大型无人飞行器中，还将新出现一种以输送和投送功能为主的无人飞行器，美国海军陆战队非常热衷于这种飞行器的开发。设计师卡曼已设计出一种大型无人直升机（K-Max Burro），专用于船只之间的物资补充，这种飞行器投入使用，其功能便能轻松地扩展到货物投送。就此而言，这类以货物搭载性能为主要指标的飞行器和搭载武器的飞行器之间的差别并不明显，很可能未来作战用途的无人飞行器也可具备向前沿部队投送给养的能力，担负起后勤支援的任务。就后一种可能来说，尽管武装无人飞行器搭载的武器重量可能不如专用货物投送飞行器那么大，但其具备的高速度却是另一种飞行器所不具备的。

此外，种种空中发射的无人飞行器也是现在各国开发的重点。在无人系统开始应用于军事的初期，老式无人侦察机通常都采用空中发射的方式（最戏剧性的例子莫过于洛克希德公司开发的 D–21 型无人机，它由 SR–71 战略侦察机在空中发射）。但现在的空射无人飞行器明显更小，而且无论造价还是数量都更经得起损耗，开发这种功能相对单一的飞行器的主要目的，在于利用其完成较危险的任务，以避免载机的损失。如此，一架飞行器就可发射多个小型飞行器，利用其扩展监视侦察范围。这样，发射载机在这种使用模式下自然就担负起数据融合中心的角色，这可能也是它最重要的任务。至少在美国，也有开发机构致力于研发潜基发射的无人飞行器系统，在完成任务后，它们可在水面降落并在水下被回收。其实这一构想早在 20 世纪 60 年代就有人提出过，但后来这种潜基发射的喷气式无人机项目被终止了。

表 1　不同无人飞行器分类标准

飞行器类型	质量（千克）	航程（千米）	使用高度（米）	续航能力（小时）
微型	<5	10	240	1
轻型	<25	10 ~ 150	N/A	<2
近航程	25 ~ 150	10 ~ 30	3048	2 ~ 4
短航程	50 ~ 250	30 ~ 70	3048	3 ~ 6
中航程	150 ~ 500	70 ~ 200	4560	6 ~ 10
中航程长航时	500 ~ 1500	>500	7620	10 ~ 18
低升限远航程	250 ~ 2500	>250	45 ~ 9144	0.5 ~ 1

自动起降和空中防碰撞

无人飞行器发展至今，一些重要航电系统的出现也至关重要，比如，自动起降系统（ATLS）和空中防碰撞系统。至少在理论上说，这两类系统极大地减轻了飞行器操作人员的工作量，使得少量操作人员控制多架飞行器成为可能。目前，这两类系统已广泛应用于新开发和已投入使用的无人飞行器上。

空中防碰撞系统（位置感知—规避控制）在原理和实现上更为复杂一些。国际民用航空组织（LCAO）曾设定了空中防碰撞的目标，即将每10亿飞行小时的空中碰撞发生次数降至1起。在如此低的空中碰撞概率下，如果发生这类事故其原因只能归咎为驾驶或航空管制的失误。以美国目前的空中交通环境为例，每年，美国空中交通运输飞行时数累计达180万小时以上，所以最理想的是每55年发生一次飞行器空中碰撞事故。这一数据只是理论上存在，现实中根本无法用实际飞行器去验证，所以只能依赖系统模拟进行试验。通常来说，防止飞行器空中碰撞需要利用一些传感器的配合，在远距离上（超过320千米），主要基于空中交通管制程序对两飞行器进行交通分离；当两架飞行器在50～320千米范围内时，就由空中交通管制系统负责协调两架飞行器的航线。当两架飞行器位于50千米范围内时，就需要依靠空中防碰撞系统的帮助，如果存在碰撞危险，它会提示飞行器爬升或降低高度以避免风险；而两架飞行器距离极近时，飞行员就必须依赖自己的视觉观察。无人飞行器也受益于为有人驾驶飞行器设计的空中防碰撞体系，它们通常都搭载有空中防碰撞系统（由机载光电/红外照相机、雷达或激光雷达等传感器组成），这套系统能够探测附近的飞行器，跟踪它们并判断是否构成威胁以及威胁的优先度，得出初步结论后系统就会强制飞行控制系统进行必要的规避操作。

整套防碰撞系统可采用闭环或开环的结构设计，在采用后一种结构设计时也常涉及控制人员的干预。2006年以来，美国"全球鹰"项目办公室曾资助以诺斯罗普·格鲁曼公司为首的研发团队，开发一套用于无人机空中防撞的"多入侵者自动规避"项目。项目试验采用一架"利尔喷气25"（Learjet 25）飞机，由其采用程序飞

行的方式模拟"全球鹰",再从目标飞行器周围空域不同方位和高度用多个飞行器朝目标飞行器飞行,测试系统的防碰撞探测和反应能力。最初,目标飞行器上安装一对110度视角的照相机(安装在飞行器机鼻两侧),但这种防撞击的方式在夜间和多云的空域存在明显局限。在经过多次试验和改进后,到2007年目标飞行器已能典型地探测两倍于人眼视觉距离外的其他飞行器。试验也证明,利用可见光照相机防碰撞,无论在分辨率、扫描容量以及扫描速度方面,都存在较大的缺陷。因此,现在空中防碰撞系统主要是利用雷达及红外传感设备,可靠性更高的系统也会逐步部署。除机载防碰撞设备外,2007年DARPA也尝试将地面传感器用于防碰撞系统,这使飞行高度较高的飞行器(如"全球鹰"飞行器)在到达预计高度空域前能顺利通过低、中空飞行器密集繁杂的危险空域。美国海军陆战队也希望利用这一方法为其"阴影"飞行器通过管制及限制空域时,开辟一条飞行通道。

当前,飞行器空中防碰撞系统开发的目标是将其设计为一套可靠性高的闭环系统,这意味着飞行器在空中的各种规避动作无须操控人员的干预,从空中交通管制的角度看,无人飞行器更像一架由人类驾驶的飞机;空中防碰撞系统的最终目标是:对进入以目标飞行器为中心周围150米半径的球形区域内的其他飞行器进行有效规避,而对于人类飞行员来说,在这一距离内进行有效反应的难度要大得多。

除美国外,欧洲有关国家至少也启动了两项类似的防碰撞项目,其中有英国的"机载评估和接近相关自动系统技术"(ASTRAEA)和多国军方资助的"空中防碰撞系统"(MidCAS)。ASTRAEA项目第一阶段已于2008年在未隔离的英国空域进行了相关模拟试验,项目第二阶段试验机载防碰撞传感器及控制系统的测试,原本预计于2012年开发出实用的系统,但有消息称这一目标过于乐观,研制进展不可避免地将拖延。MidCAS系统由法国、德国、意大利、西班牙和瑞典军方联合开发(瑞典为项目牵头方,参与的企业几乎包括所有欧洲知名防务企业),最初预计研发周期为4年,将研制一整套空中防碰撞系统以及新的标准。很明显,多国开发的MidCAS系统将采用为欧洲"神经元"无人空中作战飞行

对页图:RQ-4"全球鹰"战略无人侦察机是目前最先进的高空长航时飞行器之一,由于航程较远,它在飞行途中需要卫星数据链来中继传输获取的信息,其卫星天线配置于机首上方隆起的整流罩内。(诺斯罗普·格鲁曼公司)

器而开发的技术。

火炮目标指示和战场监视

　　无人侦察飞行器开始对西方军队变得极为重要，是随着陆军所拥有的超视距武器系统日益实用化后而产生的。20世纪五六十年代以核（火箭）炮兵为代表的陆基超视距大规模杀伤火力开始配备部队，这类武器在拟定中的北约与华约的战争中担负摧毁华约装甲突击集群及梯队的重任，如此就需要一种能靠近攻击目标区域并能实时侦察传输战场情报的侦察手段，这一要求远远超过了地面部队所能拥有的常规侦察方式。新的战术核武器的部署使北约得以重新找回与华约本就悬殊的常规力量平衡，但战术核武器发挥其效能的必要前提条件，就是要尽量在其射程的最远端对华约目标进行攻击，否则核武器的巨大杀伤就可能波及自身。美国最初曾简单地认为，只要其人员躲进装甲车辆中就能避免被核武器杀伤，进而可在相对较近的距离内使用战术核武器，但经过多次核试验表明，核武器的杀伤效应并非只有初期的冲击波和核辐射，最安全的办法仍是在尽可能距己方力量较远的地点使用核武器。因此，有效使用战术核武器的关键，就在于找到一种能实时为它们指示目标的侦察手段。到冷战后期，北约使用战术核炮兵的思想又进一步扩展，希望能够用核炮兵对付机动中的华约装甲集群，利用超远射程的战术导弹和火箭打击敌方纵深目标，然而这些设想的实现都有一个必备的前提，即地面部队拥有一种可靠的实时侦察手段。

　　在北约构想的两种交战模式中，利用高速有人驾驶的喷气式战机完成侦察任务基本不可行，因为这些高速飞行器在空中飞行时想发现、识别出地面相对低速的目标非常困难，同时这些飞机要想在低空飞行也得冒更大风险，而且就算它们完成了侦察任务，也不得不在返回后方机场后才能将获得的战场信息用于前线攻击。因此，美国陆军遂将越南战争时期的无人侦察机改装，用于为其地面部队提供侦察监视情报。采用无人机充当这一角色有很多优势：首先，它不怕损耗也不用怕被己方核武器杀伤；其次，它飞行速度慢、高度低、目标小，便于获取敌方地面部队的情报；最后，由于其航程相对较近，利用数据链可实时地将情报传回打击部队。从某种意义上说，这是美国陆军为了重新获得战场前沿战术侦察能力所做出的努力，而这种侦察能力更是美国空军当时无法也不愿提供的。因此，从这一角度考虑，军种间侦察能力的不平衡亦是推动无人飞行器发展的重要因素。

20世纪50年代初期，美国陆军开始为其驻欧地面部队配备"诚实约翰"（Hornest John）MGR-1战术核火箭（炮）系统（射程超过48千米）；1973年，驻欧美国陆军开始用射程更远的"长矛"（Lance）系统替换"诚实约翰"（后一种战术核发射装置一直在北约服役至1985年），随着这类远程攻击系统的陆续配备，为使用部队配备相应目标指示手段的工作也越来越急迫。考虑到侦察信息回传带来的时间延迟以及华约装甲集群的推进速度，当时美国陆军评估任何与"诚实约翰"核火炮搭配使用的实时侦察系统，必须在火炮使用前到达前线50千米远的区域待机侦察，如此才能最大限度地发挥核火炮射程和杀伤力优势。"诚实约翰"核火炮系统于1951年开始试验，1953年1月开始部署在欧洲。据推测，美国陆军一开始仍想用常规炮兵校射飞机为"诚实约翰"指示目标，但考虑到有人驾驶的校射飞机极可能在战术核攻击中被波及，便采用了无线电飞机公司（Radioplane，当时已并入洛克希德公司）的防空靶机作为侦察无人机，经过改装后新侦察机被称为USD-1型无人侦察机〔后正式取得军用编号MQM-57，绰号"猎鹰者"（Falconer）〕，这是一种采用常规飞行器布局和结构的小型螺旋桨推进飞行器，其基础机体经过授权后由意大利流星公司（Meteor）生产，据推测这段授权生产的经历也对后来意大利开发"米拉齐"（Mirach）无人机最初版本有过启发。

"猎鹰者"飞行器的开发始于1955年，它是当时美军现役MQM-33"鹌鹑"（Quail）无人机（MQM-33首飞于1945年，也是一种早期无人靶机在更换了新发动机后的改型，其初期编号为OQ-19）的衍生型飞行器，经过几年试验和设计完善后，1959年该机型量产并配备部队。这种MQM-57"猎鹰者"无人机（也称为无线电飞机RP-71）一直服役到1966年，总产量约1445架。该飞行器航程为161千米，典型任务续航时间约30分钟，最高飞行速度为 300 千米 / 时，其载荷为一部昼间照相机（95 张胶片）或一部红外相机（10 张胶片）。由于胶片冲洗需花费额外的时间，这也减少了飞行器获取信息的有效性。当时最先进的电视摄像机也可配备于该飞行器上，但考虑到数据链传输的问题，仍无法应用到系统中。当时，美国驻欧地面部队中，每个装备有"诚实约翰"核火炮的陆军师，都编配了一个航空监视和目标指示排，该排共编有 12 架"猎鹰者"飞行器。与"猎鹰者"同时代的无人飞行器中，美国海军配备了编号为 KD2R 的靶机（MQM-33"鹌鹑"无人机的海军型），KD2R 也有用于侦察的改型（推测可能用于海军陆战队）。后来，美国海军还改装了 MQM-36"雌麻鸭"（Shelduck）无人机，称为 KD2R-5 无人机，主要用于投掷鱼雷和核辐射采样（KD2R 和 KD2R-5 常被误认为是同一种无人机的不同改型）。英国陆军在 20 世纪 60 年代也曾接收过 32 套"猎鹰者"无人系统（改称为"观察者"），根据目前资料不清楚"猎鹰者"飞行器是否还提供给其他北约国家军队，但该飞行器机体确经授权后由意大利流星公司生产，因此美国在将其完善后也将相关资料提供给意大利方面，意大利又将其技术融合进了"米拉齐"系列后继的飞行器中。到 20 世纪 80 年代，该系列飞行器也称为"基础训练目标靶机"，生产的各种型号、版本总计逾 73000 架。

"猎鹰者"飞行器只是美国最初成功开发的一系列无人机中的一种，它最初被用于航空靶机（之后又衍生出其他型号）。而"猎鹰者"飞行器的另一个源头——无线电飞机公司，据称是 20 世纪 30 年代由好莱坞演员兼模型飞行的狂热爱好者雷金纳德·丹尼（Reginald Denny）创建。在第二次世界大战期间，该公司共生产了总计达 15374 架各类无线电控制无人机（主要用作靶机），战后它们理所当然地成为美国第一批无人侦察机的基础。这些无人机飞行过程完全依赖无线电遥控，这限制了它们的有效操作距离，也无法在遮蔽物后对其进行操作，而且还需要雷达跟踪以确保它们时刻能处于正常的飞行状态。例如，最初的型号 RP-1 型飞行器采用老式的磁石电话拨号盘来生成控制飞机左右和上下运动的信号。早期，这些遥控飞行器虽然简陋，但对于军队训练来说却不可缺少，因为它们起码能模拟出飞行器的各种机动，而拖曳式的靶机无法做到这点，特别是在训练地面防空炮手打击敌方的俯冲式轰炸机时，遥控飞行的重要性就更加显著了。

　　1957 年 1 月 15 日，美国陆军作战监视局（ACSA）组建，据推测该机构的成立是由于五群制原子师（配备"诚实约翰"这样的核火炮）作战概念需要超地平线的战场侦察监视能力。很明显，由于时间仓促，装备"猎鹰者"无人机只是作为未曾预料到的"诚实约翰"火炮目标指示问题的过渡性解决方案。1957 年，作战监视局公开招标，准备选择一种新的战场侦察无人机，当时共有两家公司提供了原型机用于试验。瑞美（Rheem）制造公司［后为航空喷气公司（Aerojet）收购］开发的 USD-2 型（即后来的 MQM-58）"监督者"（Overseer）飞行器，是一种与 USD-1 相似的螺旋桨推进器驱动的飞行器，它最明显的特征就是主翼翼尖的油箱和机尾倒 V 形尾翼，而且它的速度更快（563 千米 / 时），可搭载红外成像仪、可见光照相机，并配备了实时数据链。在军方试验过程中，也曾用它试验搭载侧视雷达和可更换传感器模块。该飞行器采用一种较为

下图：无线电飞机公司生产的"猎鹰者"，是美国配备的第一种无人侦察机。图中这架称为 SD-1 的"猎鹰者"早期型号拍摄于 1959 年 1 月。目前无线电飞机公司已成为诺斯罗普·格鲁曼公司的文图拉分部。（美国陆军）

原始的远程导航方式，利用两个信号接收站（一个主站、一个从站）接收到的飞行器发射信号的时间差来判断其位置，该导航模式可在 100 千米内提供约 1.6 米的精度误差，但这种方式也极不可靠。据称，正因为其在导航方面存在的问题，1966 年该项目被中止，此外，当时美国已开始大规模干涉越南战争，这也导致军方不再资助项目开发。USD-2 飞行器从未正式服役，试验期间总共制造出 35 架。另一种竞标的原型机是共和航空公司（Republic Aviation）开发的 USD-3"刺探者"（Snooper）或称"空中间谍"（Sky Spy，军方并未为该机型指定 MQM 系列军用编号），该飞行器也是第一种采用双尾撑布局 / 螺旋桨推进器驱动的飞行器，其原型机于 1959 年 1 月试飞，航程约 160 千米，与 USD-1 型飞行器类似，飞行速度则达到 482 千米 / 时，共制造了 50 架原型机。美国海军原计划采用这种飞行器，但和 USD-2 一样，该机型也未被军方采用。

　　到 1957 年时，美国陆军已开始制造拥有更远射程的战术导弹，因此，其对航程更远的无人侦察机的需求也就愈发强烈，而且对这种飞行器的性能要求也大为提高，因为它们越深入敌方一侧纵深，就需要面对更多敌方复杂的战术防空系统（当时，防空导弹刚开始出现）。1960 年，美国陆军与共和航空公司签订开发合同，要求后者开发一种超音速的无人飞行器，也就是后来的 USD-4"燕子"（Swallow），它的机鼻部可更换（便于使用不同的传感器），航程超过 300 千米，飞行速度达到音速以上。但不幸的是，1961 年 1 月，该项目被终止，后继也再未开发其他飞行器。1957 年，美国陆军第一种面对面制导导弹"下士"（Corporal，后来指定军用编号 MGM-5）开始服役，该导弹于 1952 年 8 月首飞，1954 年 4 月首次带弹试验，最大航程约 210 千米。到 1962 年时，后继的"中士"（Sergeant）替代了"下士"开始服役（MGM-29，航程约 140 千米，采用固体燃料而非"下士"的液体燃料）；而射程更远的"红石"（RedStone）导弹（PGM-11，航程 322 千米）亦于 1955 年开始生产（首枚生产型导弹试飞于 1956 年），并于 1958 年 6 月首次部署到驻德国美军。这一系列日期表明，"燕子"项目的终止很可能是由于艾森豪威尔政府下台后美国陆军的这些导弹陆续进入现役所致。当时，肯尼迪接任总统后任命的国防部部长罗伯特·麦克纳马拉，也非常想让美国空军和陆军接受这些导弹开发项目的合理性。

　　和"燕子"无人机项目几乎同时开发的是费尔柴尔德公司（Fairchild）的 USD-5"鱼鹰"（Osprey）无人机，这也是一种高性能的喷气式无人侦察机（虽然是亚音速）。1958 年，美国军方与费尔柴尔德公司签订开发合同，1960 年 5 月原型机开始首飞。"鱼鹰"无人机具有更远的 1600 千米的航程，其试验和定型工作亦很快在 1964 年前完成。"鱼鹰"的原型最初是战略空军司令部使用的"公鹅"（Bull Goose）地基发射的诱饵飞行器（美国当时分析认为这类诱饵飞行器将抵消对方的大规模防空系统，因为对方会将进入其空域的诱饵识别为大量的战略轰炸机）。但是，1962 年 11 月，该项目被终止。根据此飞行器的航程可以推测，它的立项与研制可能是与当时的"朱比特"（Jupiter）中程弹道导弹有关，据信在 1954 年时，这种导弹的射程可达 1600 千米（1956 年 11 月，美国空军获准接管了所有射程超过 360 千米的弹道导弹，"朱比特"也在此列）。失去了"朱比特"导弹的控制权后，1956 年，美国陆军开始计划开发后来被称为"潘兴"（Pershing）的短程战术导弹，预期其射程要达到 920～1380 千米，因此陆军激烈反对不能拥有射程 360 千米以上导弹的限制（最后也突破了一些限制）；1958 年 1 月，美国陆军为其新导弹命名为"潘兴"，当年 3 月就与承包商签订了全尺寸样弹的开发合同。1960 年 1 月，第 1 枚"潘兴"导弹试飞，1964 年后该导弹开始部署。放在美国军方当时军事战略和技术发展的大环境下观察，USD-5"鱼鹰"项目的取消很可能是因为传统有人侦察机和新兴的卫星侦察方式已能配合"潘兴"导弹较远的射程，这使得无人侦察机项目成为多余。

　　1966 年以后，特别是在 USD-1 飞行器退役后，又没有性能更好的替代系统补充时，美国陆军发现仍需要为其地面部队配备一种持续的战术侦察手段。但 1966 年越南战争爆发后，美国陆军的开发经费被战争急需所吞噬。不得已，USD-1 退役后遗留的空缺只得临时由格鲁曼公司生产的 OV-1"莫霍克"（Mohawk）无人观察机来填补，该飞机于 1956 年开发，最初是美国陆军和海军陆战队联合开发的项目，后来海军陆战队退出了开发。1963 年，"莫霍克"飞行器服役,其载荷包括侧视雷达及其他传感器等。当时,这种飞行器被认为具有足够的航程纵深,可深入敌方战线,观察到"诚实约翰"的目标,而其可搭载的各类信号情报收集和指示装置也被认为足以为"中士"这样的导弹提供目标指引。

与美国相比,北约各成员国在 20 世纪 60 年代陆续配备以"诚实约翰"为代表的战术核武器后,更倾向于开发短程无人飞行器。加拿大、英国及德国当时联合开发了 CL-89"蠓蚋"(Midge)式飞行器(后来衍生出了 CL-289)。在 1960 年时,北约制定了战场无人飞行器需求(不清楚 CL-89 是否列于其中),各国相继开发了一系列无人飞行器,比利时开发了"食雀鹰"(Epervier),法国以其 CT-20 喷气式靶机为蓝本开发了相应的侦察型号,意大利则生产了

下图:USD-5"鱼鹰"无人机。(美国陆军)

"米拉齐"系列飞行器。现在,这些当年开发的飞行器中,除法国开发的型号外,其他两国当时生产的无人机,其衍生型或改型仍在服役。

20世纪60年代,在法国撤离北约的军事组织后,法国陆军也配备了自己的战术核导弹"冥王星"(Pluton)。它与美国供应给北约盟国的"中士"(Sergeant)和"长矛"战术核导弹类似,其射程约120千米。1974年,"冥王星"作为一类炮兵单位配备到法国陆军,1975年时,当时法国战术核导弹部队也配备了相应的短程无人飞行器。

实时战术侦察

1972年左右,美国国防部先进项目研究局(DARPA)开始将注意力投向新一代的战术无人飞行器。与以往开发的无人机不同,这类新设想的无人机一开始就着眼于提升部队的态势感知能力,是作为专门的无人侦察系统来研发的。1972年3月,DARPA与菲尔科—福特公司(Philco-Ford,现在的福特航空)签订了开发合同,由后者研制两类用于侦察和目标指示的无人飞行器,项目代号分别为"博瑞尔"(Praeire)和"卡乐瑞"(Calere)。"博瑞尔"飞行器搭载一部电视摄像机和激光指示器,只可昼间使用;"卡乐瑞"的载荷则是前视红外成像仪,可用于夜间或能见度不佳的战场环境。每种飞行器都由两人控制,其中一人负责控制飞行器,另一人负责操作其机载传感器。当时这类飞行器飞行过程完全依赖于操控人员,现在我们所熟悉的沿设定路径点自动飞行的方式在当时根本就不可能。两种飞行器都采用上单翼常规布局,两者的翼展同为3.05米,最大起飞重量分别为34千克和38.6千克。载荷方面,"博瑞尔"可搭载11.3千克、"卡乐瑞"则可搭载12千克,两飞行器的航程也都为20千米。很快,菲尔科—福特公司还开发了"博瑞尔Ⅱ"和"卡乐瑞Ⅱ"等一系列飞行器,这两种飞行器在设计时特意减小机体的雷达反射截面积并提升了传感器的视界。它们也都采用箱式机身和桁架尾撑结构,上单翼布局,发动机及其驱动的螺桨推进器配置在主翼后缘,机体传感器组位于机鼻下侧透明整流罩中,对页图：洛克希德公司开发的"天鹰座"飞行器可算是美国第一种现代化的战术无人飞行器。图中所示即为"天鹰座"飞行器的发射装置，照片摄于1979年9月4日。根据洛克希德公司公布的资料显示，该公司于1970年开始研制工作，最初飞行器采用双尾撑的机体结构，当时生产的试验型号（翼展3.96米、机身长3.45米，采用1台35马力的汪克尔发动机）还曾使用过三点式起降架。地面控制人员通过地面控制设备拨出控制指令操控飞行器。这本是洛克希德自筹资金开发的项目，后来美国空军、陆军及DARPA也参与了该项目的开发，当时称其为"微型遥控驾驶飞行器"（mini-RPV），飞行器重量仍在90.72千克以下。1973年，洛克希德公司与DARPA签订合同，由其开发空中发射的"阿奎尔"飞行器，它可由F-4战斗机搭载；美国陆军的"小R"项目也于1974年12月接踵而至，到1975年初，公司将这些项目合并正式改称为"天鹰座"。到20世纪80年代末时，开发出的整个系统需由5辆标准卡车才能运输，由于时间和预算大为超支，最终引起美国国会强烈不满，并引发了一场涉及所有无人飞行器项目开发的"地震"。（洛克希德公司）

起飞时传感器组藏于机鼻内，起飞后传感器组整体旋转180度到达侦察位置。"博瑞尔Ⅱ B"飞行器的续航时间增长到6小时，它还配备了高性能数据链，其中一些"博瑞尔Ⅱ B"还于1977年提供给以色列，据称是为与以色列开发的"驯犬"（Mastiff）飞行器进行对比。"卡乐瑞Ⅲ"飞行器首飞于1976年，是DARPA"轻重量先进昼/夜监视系统"项目的一部分。"博瑞尔Ⅱ B"的性能参数具体为：翼展3.96米、机身长3.35米，全重61.7千克（载荷8.6千克），续航时间约6小时，巡航速度140千米/时，实用升限3050米。

1973年，DARPA还与洛克希德公司签订一项开发另一种战术无人飞行器"阿奎尔"（Aequare）的合同，这是一种采用双尾撑、螺旋桨推进器的空中发射无人机，主要用于在敌方先进防空系统的威胁下进行侦察和目标指示。它在发射后，利用其载荷的传感器探测和识别目标，侦察信息通过发射载机的中继传输回地面控制站。在目标区域，"阿奎尔"也可利用其激光指示器照射目标，引导激光制导炸弹或导弹作精确攻击。在开发时，"阿奎尔"机体尺寸主要受发射装置（SUU-42闪光弹撒布荚舱）的限制，它由F-4"鬼怪"（Phantom）式战斗机搭载，在7600米空中发射后，飞行器利用降落伞降至4300米后开始自主飞行；除由战机空中发射外，"阿奎尔"也可由地面发射。在发射后除载荷舱（利用降落伞在己方控制地域空投）外"阿奎尔"飞行器无法被回收。"阿奎尔"飞行器性能参数具体为：翼展2.29米、机身长2.26米，全重63.5千克，续航时间约2小时，巡航速度约180千米/时，航程320千米。

DARPA的战术无人飞行器开发项目明显想激发美国陆军对此类飞行器的兴趣，事实上"博瑞尔"和"卡乐瑞"等飞行器也向陆、海、空军等进行过演示。1974年，美国陆军启动了名为"小R"的开发项目，试图研制一种无人战术侦察机（据推测"大R"项目指航程更远的系统）。美国陆军选择了洛克希德公司为承包商，由其开发这种战术侦察机，也就是后来的XMQM-105"天鹰座"（Aquila）飞行器（首飞于1975年12月）。整个项目的演示阶段于1979年完成，大规模开发阶段于1979年8月展开，并预计到1984年时该飞行器将具备初步作战能力。但后来，这一项目的开发进展大大拖延，据估计可能是美国陆军对此飞行器兴趣减退（1983年时陆军曾计划采购 995 架飞行器，之后缩减为 548 架，由于单机采购价格上涨，陆军的采购计划也于 1985 年进一步减少到 376 架，而此时其单机的采购成本已上涨到 100 万美元，4 倍于当初的估计）。"天鹰座"项目夭折的真正原因实际是军方对它的性能需求不断提升，从而导致开发进度大为拖延以及随之而来的成本上升。最初，"天鹰座"只是自重约 54.43 千克、载荷 15.87 千克、续航时间约 1.5 小时的飞行器，到 1988 年时，其续航时间已增至 3 小时，且自重也增至 120.2 千克。当时，它还被吹捧为全天候使用的飞行器，而其他很多飞行器只能在天气较好时使用。外形上，"天鹰座"飞行器像枚大号的炸弹，巨大的后掠式主翼附于粗大的机体上，涵道式螺桨推进器位于机体尾部。其性能参数如下：翼展 3.88 米、机身长 2.08 米，全重 150 千克（载荷 52 千克），续航时间 3 小时，其扩张航程的型号续航时间更增至 10 小时，飞行器最大速度 210 千米/时、巡航速度 135 ~ 173 千米/时、巡逻速度 129 千米/时，飞

行器最大升限 4500 米。此外,"天鹰座"还有一种出口版本——"牵牛星"(Altair),它首飞于 1987 年,但从未找到外国客户。

"天鹰座"项目的问题也是 1987 年美国国会全面冻结军方无人飞行器项目的主要原因,这也导致该项目以及之后的一系列联合无人飞行器开发计划被终止〔美国军方在 20 世纪 80 年代感兴趣的联合之风,始于 1986 年通过的《戈德华特—尼科尔斯国防部重构法案》(Goldwater–Nichols Act),该法案竭力强调并要求美国各军种加强协调与合作,当时这也影响到了各军种的装备开发项目〕。

就更为大型的飞行器来说,20 世纪 70 年代中期,美国陆军资助开发了 BQM-74D 型无人飞行器,它是 MQM-74C "石鸡 II"(Chukar II)喷气式靶机的一种改型,配备了更精确的导航系统和传感器,而与此相关的"石鸡 III"型飞行器则试验配备了数字式飞行控制系统(可能是第一种采用数字式飞控系统的飞行器),20 世纪 80 年代美国海军也曾评估将其用作侦察飞行器的可行性,但最终并未采用。"石鸡"系列飞行器的制造也有意大利流星公司的参与,推测其技术也融合进了后者的"米拉齐"系列飞行器。"石鸡"后继的几种改型在设计概念上明显又回到了原来的深入渗透至敌方纵深进行远程侦察攻击的思路上。在 20 世纪 70 年代末期,美国陆军也曾开发过与上述思路类似的"攻击粉碎机"(Assault Breaker)导弹,想利用这种远程非核导弹攻击并破坏华约的装甲梯队。美国陆军原本计划为该导弹配备大型的合成孔径雷达(可探测机动目标,最初计划配备到隐形战机上),但最后该雷达被安装到轻改装的大型客机上。据推测,大型飞机的续航能力使其更适合配备这种探测能力较强的雷达系统,而非航程较短的无人飞行器。

短程海军无人飞行器

事实上,美国海军在 20 世纪六七十年代时也对各类无人飞行器开发项目充满热情,但在其"无线电遥控反潜直升机"项目开发失败后,对无人飞行器的兴趣就消退了,而这一项目在当时也被视为军方最具雄心的开发计划。然而,正在美国陆军致力于其"天鹰座"飞行器开发的同时,DARPA 也曾推进过一个平行的短程海军

对页图:技术人员正在微调一架洛克希德 YMQM-105A "天鹰座",为其飞行试验做准备。轨道发射的"天鹰座"为美国陆军提供了一种易于使用的、可执行侦察和目标指示等任务的无人机。(洛克希德公司)

下图：在华楚卡堡，美国陆军人员将一架洛克希德YMQM-105A"天鹰座"吊装到卡车上。MQM-105A的玻璃"鼻子"内封装了一台日光电视摄像机、一台激光测距仪／指示器，以及一套自动跟踪系统。随着项目的进展，MQM-105B配备了一套万向前视红外系统，这将为作战版"天鹰座"提供夜间飞行能力。（洛克希德公司）

无人飞行器开发项目，该项目最初称为"舰载战术遥控驾驶飞行器"（STAR），项目最终选定的飞行器构型采用具有低可探测性特征的三角主翼。特里达因·瑞安（Teledyne Ryan）公司的"262型"飞行器也参与了竞争，这一与"天鹰座"飞行器相似的主翼类型至少说明，该项目极可能与DARPA主导的"天鹰座"项目具有某种同源的关系。根据现有资料显示，STAR飞行器的性能参数具体为：翼展2.29米，全重75千克，续航时间约8小时，动力装置采用1部18马力的活塞发动机，由其驱动螺旋桨推进器。这种机型共制造了3架原型机，并于1976—1977年进行了密集的试飞。然而，之后由于美国海军"轻型机载多用途系统"（LAMPS）项目（配置在有人驾驶直升机上的侦察监视系统）开发成功，这一项目也失去了存在的意义。LAMPS搭载的小型直升机可配备于美国海军轻型

战舰（如护卫舰）上，它具有较长时间的侦察监视和反潜能力（这也是无人系统所缺乏的）。1977 年以来，美国海军对无人系统的兴趣转为将其当作电子干扰或诱饵平台上，也并未再开发新的基于侦察监视用途的先进无人系统。

战术侦察：替代有人战机

与美国陆军致力于开发基于战场的侦察监视无人系统相比，美国空军对无人系统的兴趣更多地集中于远程长航时无人侦察系统，主要用于替换或补充现有的由有人战机改装而成的无人侦察机。进入 20 世纪 60 年代以来，随着防空导弹技术的发展，高速有人驾驶飞机在任务中也越来越脆弱，为降低飞行员被俘的概率，美国空军在投入越南战争后开始大量使用这类改装的无人侦察机。

在美国全面干涉越南战争前，美国空军已试验了其反雷达导弹 GAM-67 "十字弓"（Crossbow），该导弹或者说飞行器除用于攻击外还能遂行包括战术侦察在内的其他任务，其最初设计是基于无线电飞机公司生产的喷气式靶机，由载机在空中发射。开发工作始于 1953 年（最初项目代号 MX-2013），原型机首飞于 1956 年 7 月（首次制导飞行于 1957 年 5 月）。但在 1957 年 7 月，该飞行器的反雷达版本被取消，其他型号和版本虽仍在开发，但到 1960 年也被终止。该项目之后，美国空军又启动了 WS-121 "长弓"（Longbow）飞行器的开发，但很快也被终止。这两个项目的停止似乎并未对美国空军后继无人机开发项目造成影响。

之后出现的则是在美国空军无人飞行器开发史上占据重要地位的 "火蜂" 系列无人侦察机，将其作为美国空军无人系统起伏发展的案例进行深入研究，有助于我们理解美国空军为何在 20 世纪七八十年代逐渐对无人系统失去兴趣。"火蜂" 的概念设计最初始于 1948 年，由特里达因·瑞安公司开发并制造，当时是作为具有更高性能的、可模拟当时最先进的亚音速喷气式战机的靶机进行开发的。它的原型机于 1951 年首飞，之后便被各军种广泛采用。1955 年 4 月，特里达因·瑞安公司公开称 "火蜂" 可以进行修改，具备侦察能力，但并未立即着手进行研究，据推测可能与当时美国

基于"火蜂"的瑞安154型
无人机,"罗盘针"项目衍生
出了AQM-91"萤火虫"无
人侦察机。该机型进行了大
量的试验飞行,可惜在投入
使用前,被新诞生的侦察卫
星淘汰。(作者收集)

陆军开发并生产的诸如 MQM-33 及其他一系列喷气式无人侦察机有关。当然，此时"火蜂"飞行器仍未引起美国空军的重视，空军仍只将其当作用于训练的靶机看待。1959 年 9 月，美国空军部负责侦察的机构在准备大规模利用 U-2 高空侦察机对苏联进行战略侦察前做研究时，曾考虑过这样的问题，即如果 U-2 侦察机在苏联上空被击落会发生什么情况？当时在研究 U-2 飞机的替代性方案时，就有人提出利用无人机搭载侦察设备，取代有人战机执行这类高风险的战略侦察任务，也有人提及了当时的"火蜂"，但仍未引起美国空军高层的重视。

而当时美国空军对这类无人侦察机概念不感兴趣的另一个重要原因，则是美国空军将精力和资源投入到刚刚兴起的秘密侦察卫星上，而且他们也并不认同美国陆军的无人侦察机是与 U-2 或卫星相当的侦察资源。但此时，特里达因·瑞安公司已开始着手实现当时的设计，公司于 1960 年 1 月成立了无人侦察机分部，负责改造和重新设计已有的"火蜂"飞行器，使其具备侦察功能（新机型最初编号为 Q-2，后正式称为 BQM-34A）。与原机型相比，新机型的机鼻部位被加大（具有类似鲨鱼嘴的特征）以容纳更多的侦察载荷，飞行器的主翼也被加大，这样提高了升限（20500 米），而且机体也被加长加宽，用以携带更多燃料和载荷；此外，新机型在设计时考虑到可能执行的敏感侦察任务，特别对机身的雷达信号反射特征进行了重新设计，减少了雷达反射截面和红外特征（利用网格覆盖了发动机进气口，用非电介质吸波涂料涂装，发动机喷管也进行了覆盖处理），同时还改进了飞行控制系统。最初估计可将其航程由 1220 千米提升到 2210～2600 千米，使其飞越较大内陆纵深（特别是亚洲）遂行任务成为可能。特里达因·瑞安公司评估认为，如果进一步优化机体结构、增加燃料储量并改装新的发动机，其航程还可进一步增加到 4600 千米，这样便足以由巴伦支海起飞横穿苏联的欧洲版图到达土耳其，或是由印度起飞穿越中国大陆到达韩国或日本。特里达因·瑞安公司为使"火蜂"将其新增航程优势发挥出来，还专门重新设计了更精确的机载惯性导航设备，使其能较准确地按预定线路飞经指定地点上空以执行侦察任务。

特里达因·瑞安公司在完成 Q-2C 新"火蜂"无人机的方案

设计及原型机制造后，曾竭力向美国空军推销这一新机型，但直到 1960 年 5 月由弗朗西斯·格雷·鲍威尔机组驾驶的 U-2 侦察机被击落、执行对苏联战略侦察任务败露前，美国空军对无人侦察机仍全无兴趣，公司也因缺乏进一步资金投入，而暂停了项目。但 U-2 飞机被击落给了美国空军当头一棒，他们原先认为万无一失的方法不再有效，所以寻找新的更可靠的侦察手段就成为当务之急。1960 年 7 月 8 日，美国空军紧急启动了"夏季"（Summer）项目，并资助特里达因·瑞安公司制造 2 架（后改为 4 架）改进后的 Q-2C 型无人机（特里达因·瑞安公司也称为 124 型）。项目要求开发一种专业的无人侦察机，特里达因·瑞安公司在对 Q-2C 进行改进后称其为 136 型。它具有更远的航程，其主翼也由原来的后掠翼形改为平直翼形，发动机部分由原来的机体后部移至机体后侧上部，以此减少机体下方探测时的红外辐射。新机型又称为"红马

下图：AQM-34L（147SC 型）"火蜂"无人机在越南战争中出任务的次数独占鳌头，担负侦察任务的"火蜂"无人机有时也被称为"萤火虫"。（美国空军国家博物馆）

车"（Red Wagon）计划，但 1960 年 11 月该项目也被终止。其后，特里达因·瑞安公司接着进行更为复杂无人侦察机开发项目"幸运李"（Luck LEE），但该项目同样于 1962 年 1 月无疾而终。紧接着，1962 年 2 月特里达因·瑞安公司接受美国空军的"大探险"（Big Safari）开发项目，开始研制代号为"萤火虫"（Firefly）的无人飞行器。研制仍以 Q-2C 为基础，在经过 90 天的设计和改造后，特里达因·瑞安公司称其为 147A 型，新机型的航程可达 2200 千米、巡航高度达到 16700 米。该飞行器可由美国空军改装的 C-130 运输机携带到危险空域的附近发射。1962 年 10 月，又一架 U-2 飞机在古巴导弹危机期间飞越古巴进行战略侦察时被 SA-2 导弹击落，随后美国空军对使用无人机替代有人飞机进行战略侦察的兴趣才真正提起来。事实上，此前 U-2 在苏联领空被击落后，美国空军仍未彻底放弃对 U-2 的信心，但在 1962 年 10 月后，美国空军的无人侦察机项目亦开始加速，147A 型飞行器也受益于此。要注意的是，尽管"萤火虫"无人机被称为遥控驾驶飞机，但实际上它被设计成预编程具有自主飞行能力的无人飞行器，该飞行器外形与 BQM-34A 靶机相似。后来特里达因·瑞安公司的 147A 型飞行器也编定了 AQM-34A 的正式编号，它携带有新的导航系统，并增加了燃料储量。

特里达因·瑞安公司完善了 147A 型（后称为 147B 型）无人侦察机，美国空军订购了 147B，它具有更大的机体（翼展延长到 8.23 米而非原来 Q-2C 的 3.96 米，机身长也增加至 8.23 米，而原来 Q-2C 为 6.71 米），航程也因此而大增。此外，特里达因·瑞安公司还相继开发了 147D（电子情报收集型）和 147E 型（用于替代 147D），其中 147E 型后来还部署到韩国，而且还参与了越南战争。1966 年 2 月 13 日，一架 147E 型飞行器在越南上空获取了 SA-2 防空导弹的电子指挥信号，在将其传输回后方基地后被导弹击落。而美国空军开始采购的 147B 型后来也被 147F 型替代，F 型试验搭载了美国海军的 ALQ-51 电子对抗设备（后来该设备配备到其他作战飞机上）。

就在特里达因·瑞安公司开发 147B 型时，1962 年 10 月，7 架短翼的 147C 型无人机在加装喷气尾迹抑制装置后为美国空军所订购。此外，中情局还定购了两架 147D 型飞行器，将其改装为专用于测量苏联部署于古巴的 SA-2 导弹近炸引信及其与地面控制站之间相互指挥通信的电磁信号特征（波形、发射频率等参数）。中情局想利用这些无人机飞临古巴领空后引诱苏联防空导弹开火，在其被导弹击落前将收集到的电子信号参数传输给附近的美军舰只或飞机，而获取的这些信号参数未来将用于开发针对这些导弹的电子反制措施。为达到诱敌开火的目标，需要增大 147D 无人机的雷达特征信号，以此来模拟真正的飞机。到 1962 年 12 月，改装完毕可用于实战，但此时古巴危机渐渐平息，它们也就未投入使用。

147B 型无人机首先投入实战的地点是东亚。虽然 147B 飞行器仍被称为遥控驾驶飞机，但实际上它是按预定路线飞行的，这主要是因它需要深入目标国家纵深，其载机（DC-130）操作人员无法对其进行控制，只有在其完成预定路线的飞行，到达回收区域时，才可由地面控制设备控制。在遂行对东亚的无人侦察任务时，通常 DC-130 载机从日本冲绳基地起飞，在靠近目标领空时发射无人机，由无人机在目标沿海领空进行侦察，之后无人机飞返并回收。

1964 年 9 月初，147B 开始侦察飞行（初期共进行了 5 次），之后类似的任务相继展开。美国使用"火蜂"无人机总计执行了 78 次侦察任务，多次遭目标防空部队拦截和攻击，平均一架飞行器可执行 8 次任务，这在当时看是较为优异的成绩了。1965 年 3 月，美国空军订购了一种升限更高的改型 147G 型，该机型换装了推力更大的发动机（由原来 771.11 增至 870.9 千克推力），其机身长度也进一步延伸至 8.84 米。此外新机型还配备了更可靠的尾迹抑制装置，以前的几个型号虽也采用类似装置，但效果并不明显，在空中飞行时较易留下踪迹。1965 年 10 月，新机型开始投入使用。通过上述一系列"火蜂"机型发展可看出，无人机以极高的速度改进、演化着，这也是其发展的特色。之后，为获得更高的长限及航程性能，特里达因·瑞安公司又开发了 147H 型飞行器（AQM-34N），它进一步采用推力更强的发动机，其机身和主翼也加长加大（分别增至 9.144 米和 9.75 米），与 147G 近 2680 千米的航程相比，H 型的航程更增加到 4450 千米。而且这一版本的"火蜂"的升限提升到 21400 米甚至更高，如果冲击更高的升限，它的发动机将不稳

图为重新涂为战场灰、装备齐全的 BQM-34 "火蜂" 靶机，它是 2003 年 3 月伊拉克战争中所用的武器之一。（诺斯罗普·格鲁曼公司）

定，但降低高度后仍能正常运转。此外，这一机型还配备了反导弹电子战设备，飞行器在被米格战斗机或防空导弹的跟踪雷达锁定时会自动进入规避飞行状态。这种最新的 147H 型飞行器于 1972 年试飞，其机载电子情报收集装置可获得几种苏制地空导弹制导信号的特征参数。资料显示，1972 年 9 月 28 日，一架 147H 无人机就在任务中成功收集了所需的参数数据。

尽管特里达因·瑞安公司努力减少"火蜂"系列飞行器被探测到的几率，但到 1965 年底时，投入越南战场的该型飞行器仍越来越易被击落，特别是在 1965 年 12 月后。由于损失惨重，美国空军亦不得不停止空中进攻。此时虽然战场空域安静了下来，但美国空军也并未毫无作为，他们将 10 架靶机改装成诱饵无人机（147N 型），准备用它们来弱化对方的防空体系。具体运用是，将真正用于侦察的无人机混杂在这些诱饵飞行器中一同使用，这样便总有侦察机能获取对方防空系统的信号参数情报（这些飞返的侦察机也被改装成采用降落伞回收的方式，即 147NX 型），以便后继攻击时加以利用。

在 20 世纪 60 年代中期，大批美国无人机投入越南战争时，也暴露出另一个问题：不少高长限的型号在越南的季风季节无法使用（11 月到次年 3 月），因为这段时间中南半岛的空域总是被大片云层覆盖，高升限无人机在云层上方飞行根本无法对地面情况进行侦察。为适应这种情况，1965 年 10 月，特里达因·瑞安公司获得一份开发中、低升限过渡性"火蜂"无人机型号（147J）的合同。147J 型于当年 11 日开始试飞，次年 3 月（147H/AQM–34N 于一年后才投入使用）开始交付给军方。147J 型飞行器仍保留了高升限型号的相对较长的主翼，其主要配置和性能参数并无太大变化，只是其飞行控制系统加装了一部气压计，这使其控制系统能操纵机体在460 米的低空飞行。

为了提高低升限无人机对地侦察的效率和能力，美国空军亦督促特里达因·瑞安公司专门开发了 147S 飞行器，用于代替过渡性的 147J。在该型飞行器正处于开发过程时，特里达因·瑞安公司亦将诱饵型 147N 飞行器改装成低升限照相侦察版本（147NP），147NP 型飞行器的主翼翼展略微增宽至 4.57 米、机身增长至 8.53

米，此外还专门开发了 4 架用于夜间侦察的 147NRE 型，该型配备了频闪设备（以往早期无人机夜间使用时通常使用闪光弹），以应对北方军队为躲避美军昼间空中攻击而改为夜间活动的新情况。此外，特里达因·瑞安公司还开发了其他几种用于低空侦察的型号，如 147NX 和 147NQ。NQ 型在当时来说相当独特，因为其在飞行途中由发射载机 DC-130 在空中进行控制。对于采用短翼的诱饵型 147NC 型飞行器，后来也为其搭载了照相载荷（可见光和微光相机），使其成为具有昼夜照相侦察能力的新型号——AQM-34J M-1。1971 年 2 月，驻南越美军从战略空军司令部接收了 18 架"火蜂"的 M-1 改型，将其配属给战术空军司令部，使其首次具备了昼/夜间照相能力。在战争期间，美国空军还改装了 147NC（AQM-34H）无人机，利用其向越南民众散发宣传品，在 1972 年 7 月—12 月间，该机型共执行了 29 次散发任务。

特里达因·瑞安公司在越南战争期间所开发的种类繁多、性能各异的"火蜂"系列飞行器中，产量最大的版本要算是 147S 型。

下图：AQM-34Q（147TE 型）是"火蜂"飞行器系列中用于收集电子情报的型号。在美国 EC-121 被击落后（1969 年 1 月），该型飞行器广泛用于空中侦察。（美国空军国家博物馆）

战时，为便于大量生产并控制成本，该机型保留了较多最初作为靶机使用时的特征，而不像中后期 147G 或 147J 型那样，例如其翼展仍为 4.57 米。飞行器控制系统仍采用模拟设备，如要增加其空中飞行的灵活性就得添加新的控制设备，J 型号控制系统中的气压设备仅可在一个高度进行使用，也意味着该机型只能在一个升限高度设定飞行路线。要使其能在多个高度上设定其飞行器，则必须对控制系统中气压设备进行修改，因此为新修改型指定编号 147SB，它可在 300～6100 米的高度范围内指定 3 个飞行高度。147SC 型飞行器（AQM-34L）占到整个 147S 型产量中的大部分，该机型于 1968 年中期开始交付军方，战争期间共飞行 1651 架次，其中 87.2% 完成侦察任务。该机型配备一套多普勒导航系统，另外还开发了以 S 型为基础的夜间版本 147SRE 或 AQM-34K。其中一些 147S 型飞行器还配备了实时电视摄像机及数据链，可将摄制的战场情况实时传输回后方，其型号为 AQM-34L/TV。此外，AQM-34M（147SD）型飞行器则是配备了新实时数据链后的生产型号，AMQ-34M（L）（147SDL）则配备了更精确的导航设备，可用于在地形复杂的低空进行精确飞行（90～150 米）。在陆续改进出新型号期间，一些先前的型号也经过升级，提高了性能。147SC 型飞行器升级了飞行控制系统，使其在飞行途中能更准确地覆盖指定目标区域；147SD 型则进一步改进了导航设备，提升了飞行控制精度（飞行器自定位误差在 61～76 米）。AQM-34L 飞行器则在美国空军的"罗盘箱"（Compass Bin）项目下进行开发和制造，该项目设想开发一种搭载着新导航设备的无人机，以便用于精确的空中轰炸行动。1972 年 6 月，美国空军发动的大规模空中战役中，就有不少 SC 型飞行器参与行动（侦察），但其是否真的携带过弹药则仍缺乏相关史料。

与美国空军在越南战争期间大规模运用无人机相比，美国海军更热衷于由舰基发射的无人侦察机，虽然此时，战略空军司令部也利用其空射无人机为美国海军提供战略情报，但美国海军认为这并不能满足其对情报时效性的要求（当时这类无人机对目标进行照相侦察后须返回基地，将胶片冲洗后再将照片实物运至所需的海军舰只），而且更重要的是，美国海军并不负责这类无人机的具体使用，无法按自己的意图获取相关信息。因此，美国海军也很快与特里达

对页图：即将被 F-16 所携带空空导弹摧毁的 BQM-34"火蜂"靶机示意图。（诺斯罗普·格鲁曼公司）

因·瑞安公司签订开发合同，由后者以空基发射的 147S 型为基础，开发一种舰载发射的"火蜂"型号（147SK），新型号由舰只发射并完成任务后，可由船只在海上回收。由于"火蜂"系列无人机都由空基发射，而改为水面船只发射后，不同的发射环境对机型的气动外形和结构都有不同的要求，因此特里达因·瑞安公司在进行大量的修改和完善后，于 1969 年 8 月才成功试验这一海上版本，并在美国海军"本宁顿"（Bennington）号巡洋舰上进行了实射试验。1969 年 10 月，该型飞行器试验性地部署到越南海域上游曳的攻击航空母舰"游骑兵"（Ranger）号上，其飞行由该航空母舰的舰载早期预警机进行控制，控制时由预警机为其编定飞行路线并对其飞行状态进行监控，完成任务后飞行器则返回飞行前指定的回收海域再由舰载直升机进行回收（当时，航空母舰编队并未对使用这种新无人侦察系统作好准备）。147SK 型无人机于 1969 年 11 月 23 日第一次执行战斗侦察任务，飞行器飞行过程较为顺利，但其控制系统出现问题，致使其未拍摄到事前预设的侦察区域（根据返回的照片看，偏差约 3.2 千米，照片拍摄质量较好）；在对其控制系统进行调整后，它很快开始执行第二次侦察任务，这次进行得非常顺利，之后美国海军便持续使用到 1970 年 6 月，直到有新无人机替换它们为止。

美国空军在接受利用无人机进行各类侦察行动后，仍对利用飞行器进行远程战略侦察充满兴趣。早在 1967 年初，美国空军就与特里达因·瑞安公司一同开发了 147T（AQM-34P）型无人机（之后也大量采购），该机型配备达 1270.6 千克推力的新发动机（比最初型号发动机的推力增大 45%），同时重新设计了机体，减小了雷达反射截面，在载荷方面增配了用于对付高空防空导弹（SA-2，这也是它最有可能遇到的防空导弹）的电子干扰机。147T 型飞行器具有与之前高升限 147H 机型相同的机体，但发动机推力的增大使其可在更高的升限上使用，其航程超过 4420 千米。当时，美国空军开发这种战略型无人侦察机主要针对东亚和东南亚，在 1969 年 4 月至 1970 年 9 月近一年半的时间内，其 28 次飞行任务中 3/4 都用于进行侦察，其中大多数任务都成功回收了飞行器。至于 147H 的任务执行情况则要差一些：在 1967 年 3 月至 1971 年 7 月的四年时间里，147H 共完成 138 次飞行任务，其中 2/3 取得了成功。

就在 147T 飞行器开始服役后不久，朝鲜在其空域击落了一架美军的 EC-121 电子情报收集飞机，特里达因·瑞安公司随即建议开发具有电子情报收集功能的 147T 型飞行器，但很明显，如果用无人机来执行类似的电子情报任务，它只能接收并记录相关信息，无法像大型电子战飞机一样在收集的同时对各类信号进行分析和研究。后来特里达因·瑞安公司提出了改进方案，无人机将收集到的实时电子情报经数据链或中继传输回后方 [根据这一概念启动了"梅尔帕"（Melpar）项目，即后来的 E- 系统]。美国空军同意了该公司的方案，资助其开发了 4 架 147TE（AQM-34Q）型无人机，该机型首飞于 1969 年 11 月 25 日（此时已是 EC-121 飞机被击落后第 6 个月），1970 年 2 月 15 日该型无人机进行了首次作战飞行。

通过使用遥控飞行器进行简单电子情报收集任务的做法后来也为美国海军所接纳，美国海军在其"战斗群被动地平线扩展系统"（BGPHES）中采用了这一思路，利用无人系统搭载电子情报收集装置，也采购了特里达因·瑞安公司的 147TE 型飞行器。考虑到 TE 型飞行器的载荷有限，它无法同时搭载通信情报（COMINT）或电子情报（ELINT）两套收集装置，所以分别开发了搭载两类电子情报的飞行器，分别为 HARC 和 HARE（高升限侦察 COMINT 或 ELINT）。后来，用于收集电子情报的 HARE 机型被取消，只剩下 HARC 型飞行器，开发项目称为"战斗黎明"（Combat Dawn）。考虑到 147TE 飞行器高升限特点，它最远能在 480 千米外探测到敌方泄露的电信信号，而其本身的数据链传输距离（不经中继到达地面设施）也达到 480 千米，因此其有效侦察距离达到 960 余千米。要分辨这种具备通信情报收集能力的 147 系列飞行器较为简单，因为 HARC 飞行器尾鳍顶端配置有较明显的天线整罩，其内部是专用于向地面控制站传输数据的 10 通道（10 部接收机）宽带数据链天线。除用于通信情报收集外，该机配备的通信情报收集装置也能截获敌方地面控制中心向拦截战斗机发出的控制指令，因为它的信号收集能力较强，常处于对方对空控制中心的信号范围内，因此在接收到这样的信号后，它就能提前规避。后来，这种信号收集飞行器还配备了副油箱，其续航能力和航程都大幅提升。在 147TE 的

HARC 飞行器之后出现的是 147TF（AQM-34R），由于电子技术的进步，该机型兼具通信情报和电子情报的收集能力。在配备副油箱后，其全重达到 2993.7 千克，原来用于空中发射这类无人机的 DC-130 载机便无法搭载它了。此外，为达到美国军方对高升限以及更强性能的要求，特里达因·瑞安公司曾提议开发一种翼展更大的 147TL 型飞行器，它的全重也超过了 DC-130 的载荷能力，因此此时急需一种新的空中发射载机，但后来这种 147TL 飞行器似乎并未量产。从 1970 年 2 月至 1973 年 6 月，147TE 型飞行器共完成了 268 次侦察任务，而 TF 型则在 1973 年 2 月至 1975 年 6 月期间遂行了 216 次侦察任务。

根据美国空军档案显示，"火蜂"系列无人机是现代战争中第一种大规模使用的无人系统。从 1964 年 8 月 20 日至 1975 年 4 月 30 日，参战各军种共 1016 架"火蜂"完成了 3435 次出击；共损失 544 架无人机（其中 1/3 的损失是由于机械故障）。越南战争期间，美军曾估计一架"火蜂"飞行器仅能顺利完成 2.6 次任务，但实际上平均可执行 7.3 次任务，其中完成出击次数最多的一架飞行器（147SC 型）甚至在 1974 年 9 月 25 日未能返回基地前顺利地执行了 68 次任务，该飞行器也被敬称为"雄猫"，具有与此类似的任务完成纪录的还有"百威"（63 次任务）、"瑞安的女儿"（52 次任务）、"巴克婴儿"（46 次任务）。曾有越南北方空军的战机声称击落了 11 架"火蜂"无人机（这无从考证），但根据各种证据及空中交战记录显示，倒确有不少越南北方战斗机在攻击"火蜂"飞行器时坠毁。一次战例中，一位战斗机飞行员发射一枚空空导弹准备击落其前方的"火蜂"，但导弹未锁定该无人机，反而将其前方的另一架战机锁定（甚至在战争期间，有一架"火蜂"无人机还被视为"王牌"飞行器，因为因它而坠毁的敌机数量达到了 5 架之多）；另一次战例中，米格机因试图追踪拦截低空飞行的"火蜂"飞行器而坠毁。

考虑到越南战争期间"火蜂"广泛而成功的应用，似乎这种飞行器应该在战后受到更多的重视和发展，美国的不少涉及防务的政府机构也的确抱有这种感情，例如美国国防部先进项目研究局（DARPA），在越南战争结束后就准备将战争期间获取的无人飞行器开发和使用经验应用于更多的项目开之中，比如美国陆军小规模地面战斗的无人空中支援系统（最终导致美国陆军开发"天鹰座"项目）。但是，曾大量使用无人飞行器的美国空军，却迅速消退了热情，这显然是其保守的军种文化在作祟。有对无人系统持怀疑态度的人就称，美国空军对任何减少飞行员在未来战争中作用的开发项目都不感兴趣，他们甚至拒绝参议院要求其保留一定数量无人飞行器的要求。事实上，战争结束后，美国空军很快就解散了"火蜂"这类无人系统项目，并重开了 U-2/TR-1 这类传统有人飞机的生产线。美国空军甚至还将 33 架退役的 AQM-34 系列维护一新后送给以色列，但以色列似乎也对这些空基发射的无人系统不感兴趣，他们事实上更喜欢采用地面发射的无人飞行器。

然而，"火蜂"系列无人机并非对以色列全无影响，其在越南战争中的大规模应用也引发了以色列对这种新型侦察手段的兴趣，但在最初也仅止于兴趣。1965 年，以色列军方就注意到美军在越南使用这种无人飞行器，当时以色列对先进战机的需求仍依赖于法国的供应，时任以色列国防军空军司令及其副手（两人都是前战斗机飞行员），更拒绝了获取一种无人机授权生产的建议，然而以军总参谋长及情报部门负责人却支持对类似的无人系统进行评估，最终以色列军方还是向美国提出了采购"火蜂"无人机的申请（当时美国决定不出口此型无人机）。1967 年中东战争形势再次紧张时，法国拒绝向以色列提供战斗机，"六日战争"中以色列空军依靠积极主动的战术在初期取得了极大的战果，但随着战事的拖延，以空军的处境也就慢慢岌岌可危了；至 1969—1970 年时，埃及军方向休战的苏伊士运河区部署了大量苏制防空导弹，准备与以色列打一场长期的消耗战（大量苏联顾问也随埃军一起行动）。到 1970 年中期，以色列空军在数架 F-4 战机遭导弹击落后，其对无人侦察机的热情被重新点燃了。尽然当时美国官方并未声明在越南战争中使用了无人机，但在那时这已是公开的秘密。在以色列向美国反复求援后，美国遂同意了向以色列输入无人机技术的请求。特里达因·瑞安公司受命为以方提供一种无人机，公司将其 124 型"火蜂"靶机进行了必要的改造后，提供给了以色列，当时称为 124 I 型无人机。事实上，这其实是 147 型无人机的一种改型，和当时正处于开发状态的

147SD 型飞行器类似，其翼展为 4.42 米、机身长 9.45 米，最大升限达 17000 米，飞行器最大改动是不再由空中载机而改为地面发射装置发射。在改造 124 Ⅰ 机型的过程中，一些技术和特征反过来也被 147SD 所采用。在 1973 年"赎罪日战争"中，这些无人飞行器执行过多次任务。当时特里达因·瑞安公司正在着手进行具有超音速飞行能力的"火蜂Ⅱ"飞行器开发，以色列获悉也表现出了对新机型侦察版本的兴趣，但发展迅速的战争已不允许以色列再等待，他们最终选择了更多的 124 Ⅰ 无人机。第四次中东战争结束后这批战机有的甚至服役至 20 世纪 90 年代。当然，以色列 1973 年战争后是否开发或寻求过 124 Ⅰ 无人机的后续替代型号，并不得而知，但他们根据在战争中的使用经验（可能在 1973 年战争中，以军方发现以更低成本制造的低性能无人机，也能发挥出高性能的"火蜂"所起的作用）及自身的实际情况，显然选择了另一条开发之路，即不再追求航程、升限、速度等性能指标，而是注重提升无人机侦察效能。从这一意义上看，并结合 1982 年以色列军方对无人机的成功运用，可以认为以色列于 20 世纪 70 年代获取的"火蜂"系列无人机，是以方借鉴美国越南战争中的无人机使用经验，并将之融会贯通最终在 1982 年战争中形成自身无人机运用特色和战术的中介和桥梁。

除了"火蜂"外，以色列在 20 世纪 60 年代末 70 年代初还获得了诺斯罗普分公司（前无线电飞机公司）的"石鸡"无人机，这是一种更小型的侦察型无人机（其主要用作高速诱饵）。"火蜂"和"石鸡"于 1973 年引入以色列，以空军专门组建了第 200 无人机中队。"石鸡"（MQM-74A）飞行器是一种小型喷气式靶机，最初首飞于 1965 年，当时希望其速度能达到 740 千米 / 时，用以模拟高速飞机。1966—1972 年共生产了 1800 余架各型号机型，主要为美国海军及外国客户（包括以色列）所采购。为便于与"火蜂"飞行器比较，"石鸡"的性能参数具体为：翼展 1.69 米、机身长 3.46 米，全重 143 千克（不带起飞助推器），航程 263 千米（海平面）～440 千米（6100 米），最大平飞速度 730 千米 / 时（海平面）～782 千米 / 时（6100 米）。要注意的是，"石鸡"无人机后来经授权后由意大利流星公司生产，其在意国内称为"米拉齐 -100"系列喷气式无人机（也有用于侦察的改型）。后来，诺斯罗普公司还开发了采用空基发射的"石鸡Ⅲ"无人机，该机型也被美国海军和陆军用于侦察用途，其性能参数具体为：翼展 1.76 米、机身长 3.95 米，全重 199 千克（空射时），最大飞行速度 976 千米 / 时（6100 米），航程约 830 千米 / 时。

以色列在战争中成功使用无人机的经验也刺激了对手埃及，1983 年 4 月，埃及军方试图与特里达因·瑞安公司接洽，想请后者为其开发一种无人侦察系统。特里达因·瑞安公司以 124RE 为基础，大幅修改机体设计，增大复合材料的使用量，最终完成了设计，该机型公司内部称为 324 型，也即"圣甲虫"（Scarab）。与该公司开发的其他高升限、高速度无人机一样，"圣甲虫"也采用涡轮喷气式发动机，但发动机位置位于机身后部上侧，其尾翼在机身上方发动机的两侧（其结构与该公司计划开发的 275 型无人机类似）。

至于美国海军，可能受到越南战争期间利用其航空母舰搭载无人系统的启发，到 1974 年时美国海军开始对其"中程遥控驾驶飞机"（Midi-RPV）项目投入更多精力，因为当时美国海军在越南战争期间投入使用的 RA-5C "警戒者"（Vigilante）即将退役，美国海军急需一种替代系统来填充其退役留下的空缺。由于新系统不能马上接替退役的 RA-5C，美国海军遂采取了过渡性的措施，利用一种电子监视飞机和 RF-8 "十字军"战斗侦察机来暂时充当 RA-5C 的角色，但此时 RF-8 也较为老迈不可能再服役过长时间，这也使得新机型的研制和生产更为急迫。

到 20 世纪 80 年代初期时，替代 RF-8 的需要越来越迫切，所以在 1985 年时，美国海军不得已正式公布了急需机型的性能需求，希望尽快在竞争的机型中挑中满意的机型。1987 年 9 月，美国海军选中诺斯罗普公司与马丁 - 马莱塔公司（Martin-Marietta）作为开发商，并与两公司签订为期 7 个月的设计开发合同，由其分别设计两种无人系统用于竞标。诺斯罗普提供的是由 BQM-74C 无人机改装而成的无人侦察型号，其机鼻部增配了一部电视摄像机和其他传感器；马丁 - 马莱塔公司提供的则是 MQM-107A 型靶机的改进型，公司称其为"袭击者"（Raider）。美国海军原预计在两家公司完成原型机设计后进行对比，选中一家公司与其签订原型机制造合同，并最快于 1989 财年开始原型机制造。但此时不幸的是，正好遇到美国国会因美国陆军"天鹰座"项目持续拖延和严重超支而爆发的怒火，所有军方的无人机项目全被冻结暂停。

这场风波之后，美国海军的无人飞行器计划与其他军种的相关项目合并，组成了新的具有中等航程的"联合军种通用机体多用途系统"（JACAMPS）项目。新项目亦需要竞标决定胜出者，这也给特里达因·瑞安公司以机会，公司希望用其为埃及军方开发的"圣甲虫"在经过必要的改进后参加军方竞标。1989 年 6 月，特里达因·瑞安公司在竞争中赢得了军方的青睐，但中标的不是其"圣甲虫"改进型飞行器，而是其 350 型"游隼"（Peregrine，BQM-145）。也正是在此时，JACAMPS 项目转变为"中程无人飞行器"（MR UAV）项目 [当时刚组建的联合项目办公室，以开发飞行器项目的航程来区分，并分别冠以"短程"（SR）、"中程"（MR）和"远程"（LR）无人飞行器项目]。根据设计，350 型飞行器既可由地面发射，也可由载机在空中发射，其主要载荷是一部新开发的可见光 /红外侦察系统——"先进战术侦察系统"（ATARS），该系统不再使用传统胶片，侦察数据转以数字形式存储。联合项目办公室原本希望待该项目成熟后能采购 500 架此飞行器供美国海、空军及海军陆战队使用。然而，虽然美国海军和海军陆战队并不介意使用 ATARS侦察系统，但美国空军基本失去了对照相侦察的兴趣（采用天基可见光侦察卫星）。等到 1993 年，ATARS 项目因资金短缺被迫取消时，美国海军和海军陆战队也就不再对这一迟迟不见踪影的先进技术抱有兴趣，ATARS 项目终止自然也连累了 BQM-145 无人侦察机，它也于当年 10 月被取消。没有了预期中的侦察系统，美国海军只得寻求替代手段，用传统战斗机（F/A-18 系列战斗机）携带侦察荚舱或配备相关设备遂行侦察任务。当时美国海军共改装了 6 架这样的战斗侦察机，其首架飞机于 1997 年 2 月试飞，后来这 6 架战斗侦察机还经美国空军作战实验室试验和评估。此时，诺斯罗普·格鲁曼公司已收购了生产"火蜂"系列无人机的特里达因·瑞安公司，该公司亦希望其旗下的 350 型通用无人机能重获军方采购，但经多次推销和展示后并未成功。350 型无人机的性能参数具体为：翼展 3.20米、机身长 5.59 米，全重 980 千克，续航时间约 2 小时，最大飞行速度为 0.85 倍音速，任务半径约 644 千米，升限为 12200 米，机体采用传统后掠式主翼、水平尾翼，机体后部下侧为双尾鳍，其动力装置采用一台推力达 453.6 千克的 CAE F408–CA–400 型涡轮风扇发动机。对美国来说，BQM–145 是其发展高性能喷气式无人机的最后绝唱，之后类似的无人机开发便陷入低谷，而新崛起的则是采用螺旋桨推进器驱动的低速无人飞行器系统，直至最近，一些新开发无人空中作战系统（UCAV）项目才开始重新采用这类高性能的喷气动力。

高空侦察

除了战术层次的中低空远程侦察外，美国空军寻求高升限、远程长航时侦察手段还意味着替换速度较慢的 U–2 高空侦察机。最初，美国空军的努力主要集中在开发飞行更快、更高的机型，也就是后来的 A–12（SR–71 "黑鸟"）战略侦察机。在 U–2 被不断击落，这种高空侦察飞机也不再安全之际，曾有建议开发 A–12 的无人型号，但它的设计师凯利·约翰逊认为 A–12 的机体过于庞大及复杂，并不适宜改装成无人机，他的意见是单独开发结构简单、机体小巧灵活的超音速无人机用于危险战场条件下的高空侦察飞行。最初的概念是开发一种采用冲压喷气发动机的无人机，它由 A–12挂载在空中发射，A–12 在发射时的高速亦便于其冲压喷气发动机顺利启动。后来这种由高速有人飞机挂载空中发射的超音速无人机被称为 "货运标签"（Tagboard）或 D–21（军用编号 Q–12），载机则称为 M–21。1962 年 12 月 7 日，概念模型制造完毕，1963 年美国空军接受了承包商的概念设计并签订了制造全尺寸原型机的开发合同，全部设计工作于 1963 年 10 月完成。经过一年多紧张的开发和制造，1964 年 12 月 22 日，D–21 无人机与其载机 M–21 开始了其首次试验飞行。载机顺利升空，但在空中准备释放无人机时却出现了故障，试飞被迫中止，直到次年 3 月 5 日才再次进行试飞投放。在接下来的几次试验中，D–21 无人机的飞行速度达到 3.3 倍音速，高度也达到 27400 米，其航程约 6350 千米。美国空军对此性能较为满意，遂很快就定购了 15 架无人机进行进一步试验。然而，考虑到载机 M-21 存在着性能不稳定等问题，美国空军最终决定由 B-52 轰炸机担负载荷机的任务，至于其发射速度达不到无人机冲压喷气发动机起动速度的问题，则利用为无人机加装助推器的办法来解决。美国空军为利用这种新式无人侦察机遂行实战侦察指定了一个代号"高级碗"（Senior Bowl）的计划，"高级碗"第一次任务始于 1969 年 11 月 9 日。就像苏联的图 -123 无人机一样，D-21 也是一次性使用，其侦察数据则置于回收舱中，在飞行途中的指定地区弹射以便回收。第一次遂行任务的 D-21 最后坠毁于苏联西伯利亚，其残骸为苏联方面获得，图波列夫设计局受命开发一种类似的无人机——"沃瑞"（Voron），但并未制造。D-21 项目在完成了 4 次飞行任务后被彻底终止，其中两次任务中数据舱被成功弹出但并未成功回收。D-21 高空高速无人机最后一次任务飞行是在 1971 年 3 月 20 日，但此次飞行却以悲剧收场（在空中被击落），据推测这可能也是其遭完全取消的导火索。美国方面总共制造了 38 架 D-21 无人机，其中 21 架被用于试验飞行或实战侦察飞行。

20 世纪 60 年代初，美国也曾试图开发一种长航时的低速无人飞行器，最初是想用这种飞行器配合越南战争中的"白色冰屋"（Igloo White）地面传感器一同使用（为抑制越南北方使用"胡志明小道"这样的人力后勤运输线，美国方面向该"小道"可能通过的地区投放布设了大量地面传感器，以此监视、攻击附近人员、车辆活动）。最初收集地面传感器信号的任务由有人驾驶的 EC-121 飞机担负，但是由于其续航能力及人员疲劳，无法长时间进行这项工作，美国空军遂希望用一种方式来替代有人机进行数据收集和中继工作，从无人机本身长航时以及无须人力的特性来看，无人机的确是非常适合的选择。在经过试验和改装后，美国空军启动了"铺路鹰"（Pave Eagle）项目，利用单座型"比奇"（Beech Bonanza）飞机改装成无人机（QU-22A）来配合地面传感器侦察监视。在"铺路鹰 1"阶段，美国空军采购了 6 架 QU-22A 用于评估传感器信息收集分析的可行性；"铺路鹰 2"阶段中，7 架经改装的 QU-22B 达到了实战使用的程度，其滞空续航时间可达 18 小时，升限约 5800 米，飞行器在传感器布设地区附近空域巡航，将收到的传感器发出的信号中继传回地面控制站，飞行器本身亦可在数据链控制下变更飞行路线。但在实战中发现，QU–22 系列无人机的发动机经常出现故障，因而也遭受了很大损失，1972 年该项目不得不草草收场。

QU–22 无人机虽被军方取消了，但这还远非结束，美国军方继续围绕着"白色冰屋"（Igloo White）地面传感器项目资助了新的长航时无人机开发计划，参与竞标的机型（L–450F 型）由 LTV 电子系统公司开发，项目称为"罗盘居"（Compass Dwell），飞行器采用施韦策公司（Schweitzer）滑翔机加装一台螺旋桨推进器发动机改装而成，机体还增设了额外的燃料储备。1970 年 2 月，该飞行器首次进行了试飞（以有人驾驶的模式），但原型机在试飞中坠毁，飞行员丧生。在完成设计并进行改进后，第二次试飞取得了成功。第 4 架试飞则首次使用了无座舱的原型机（XQM–93），于 1972 年初完成了飞行。第 4 架原型机的试飞本来也即将进行，但在 1972 年时，该项目被军方取消，据推测可能与越南战争结束有关。L–450F 型飞行器（有飞行员座舱）的性能参数具体为：翼展 17.4 米、机身长 9.14 米，全重 2090 千克，载荷 320 千克，续航时间约 30 小时，航程可

下图：D–21B "货运标签"无人机。（美国空军国家博物馆）

达 9600 千米，巡航速度约 168 千米 / 时。参与项目竞标的另一种飞行器由马丁—马莱塔公司开发，它的原型机也是"施韦策"滑翔机，型号为 845A 型，其首飞于 1971 年，一架原型机在飞行试验中也达到了近 28 小时的续航时间。

大约在同时代，由于在东亚上空执行任务的各类飞机（如 U-2、"火蜂"等）并无法安全有效地执行战略侦察任务，美国军方及企业界始终试图开发一种高速高空长航时、类似"火蜂"的无人机 ["罗盘箭"（Compass Arrow）项目]，以便为未来赴某国内陆纵深执行任务。"罗盘箭"项目的直接成果就是特里达因·瑞安公司开发出了 AQM-91A（154 型）无人机，该型无人机仍采用类似"火蜂"无人机的机体结构和设计，但其机身经重新设计，对主探测警戒雷达从下侧照射时反射较小，此外机体的发动机从机身下侧移至上侧，以利于降低其红外辐射信号，机尾下部的两片尾鳍向内倾斜，两块鳍片对尾喷管的废气既有导流作用，又可降低来自下部及侧面的雷达反射。整个飞行器由载机空中发射，完成任务后返回指定区

下图：当第 2 架 M-21 母机与所携带的 D-21 在空中碰撞坠毁后，波音 B-52H 被选为母机。此珍贵照片是 D-21B 从 B-52 上分离后的火箭助推时刻，由母机发射架上的远距离相机捕获。（洛克希德公司）

域由降落伞进行回收，其主要载荷仍是一部胶片照相机（1500 次拍摄）。该机型开发成功后，美国空军曾于 1966 年与特里达因·瑞安公司签订采购合同，但后来与某国关系好转，针对性的战略侦察飞行便不再进行，类似 AQM-91A 这样的无人侦察机也就于 1973 年 7 月全部转为封存状态，后来也有消息称这些封存的无人机被彻底销毁。在完善的数据链及更精确的传感器出现之前，美国所开发的类似"火蜂"系列无人照相侦察机事实上已达到那个时代的巅峰，像"火蜂"系列中的"罗盘帽"（Compass Rope）飞行器，它采用空基发射，可携带两架无人机，飞行器本身的行动半径就达到 4200 千米，其搭载的无人机也拥有 5 小时的续航时间和近 3650 千米的航程。"罗盘帽"的性能参数具体为：翼展 14.63 米、机身长 10.36 米，全重2379 千克，动力装置采用 1 部 2390.43 千克推力的 J97-GE-100 涡轮喷气发动机。

"罗盘帽"是一种与以往完全不同的长航时开发项目，其目标是开发出代替 U-2 的机型，项目始于 1970 年，最初概念设计时就要求它要具有长航时特性，而非作为单纯的长航程平台来开发。它具有在特定区域持续徘徊待机的性能，采用无人化设计无须考虑机组人员的持续工作能力，从这一方面看，它就是那个时代的"全球鹰"。它的任务载荷也很全面，包括信号情报收集、通信中继、战场监视、海洋监视、照相侦察以及大气取样（侦察大气核试验）。事实上，这些任务中不少类别已由其他功能较单一的无人机所担负，如 147TE、147TF 等电子信号收集无人机。其中，通信数据中继则是较新的任务，因为当时美军正在构建战区级的"精确定位打击系统"（PLSS），这一系统使用现今 Link 系列数据链的前身，具备较高的精确打击速度和精度，但其通信数据链只能在瞄准线范围内发挥作用，如果中间隔有高大障碍物就会出现问题，因此要将这张网络覆盖的区域扩展到地平线之外，就必须借助数据中继。而海洋监视对于美国海军来说也非常重要，特别是在地中海地区更是如此。由于苏联海军舰只这一时间在该海域活动频繁，到 20 世纪 70 年代时美军甚至开始改装 U-2 来担负这一任务，由于这也是一类持续时间较长且较繁琐的任务，为避免有人飞机机组人员的疲劳问题，利用无人机更能适应任务特点，而这一考虑也是后来美军开发

"全球鹰"的重要原因。

　　"罗盘帽"项目所开发出的无人机,其续航时间须超过 20 小时(特里达因·瑞安公司建议续航时间须达到 24 小时),升限要超过 16700 米,载荷为 317~680 千克;而且最重要的是,与先前所开发的无人侦察机不同,"罗盘帽"项目要求飞行器必须像传统飞机一样,从跑道起飞完成任务后也须返回降落。通过跑道降落回收的方式可减少以往无人机着陆时的磨损,使其耐用性大为提升。

　　项目在概念设计阶段经过激烈的角逐,最后美国军方选择了波音公司提出的 YQM-94A 型"罗盘鸥"(Compass Gull),即"罗盘帽-B"型无人机,由其完成原型机制造和试飞,以供军方审查和验

下图:1974 年 4 月 1 日,"罗盘帽"R 型飞行器发布。(特里达因·瑞安公司,现诺斯罗普·格鲁曼公司)

收。波音公司于 1971 年开始设计工作，当年上半年完成原型机制造，7 月 15 日军方定购了 2 架原型机用于后继试验，1973 年 7 月 28 日，YQM-94A 原型机首飞（该原型机在其后的试飞中坠毁）。军方当时为何不选择具有丰富无人机开发经验的特里达因·瑞安公司，而选择才涉足这一领域的波音公司？有推测认为军方担心过久由特里达因·瑞安公司垄断无人机开发不利于整个行业发展，因此选择了其他的公司。当时特里达因·瑞安公司也带着自己的设计 YQM-98A（"罗盘帽 -R" 或 236 型）供军方评估，该机原型机于 1974 年 1 月下线，其结构类似 "罗盘箭" 飞行器，但主翼更长更大，其机体也配备了常规三点式起降架可进行跑道降落。1974 年 8 月 17 日，YQM-98A 首飞，其原型机在第 5 次试飞时即创造了当时的续航时间纪录（28 小时 11 分），升限也超过军方要求的 16700 米。虽然后来波音公司仍赢得了军方的合同，但整个项目却于 1977 年 7 月被取消，美国空军给出的解释说计划中的先进侦察载荷当时并不成熟。

波音公司 YQM-94A 无人机的性能参数为：翼展 27.43 米、机身长 12.19 米，全重 6531 千克（载荷 317.5 千克，加注燃料及其他设备后整机起飞重量达到 7559 千克），续航时间约 27 小时，最大航程 15800 千米。特里达因·瑞安公司开发的 YQM-98A 性能参数为：翼展 24.75 米、机身长 11.68 米，全重 6490 千克（可执行 24 小时任务的载荷 317.5 千克），续航时间约 30 小时，巡航速度约为 0.5 ~ 0.6 倍音速，使用高度在 15240 ~ 21300 米。

大约在 1983 年，DARPA 启动了一项机密的黑色项目——"棕色雨"（Teal Rain），开发一种由活塞发动机驱动的高空长航时无人飞行器，项目又分为两个子项目：由波音公司开发的 "秃鹰"（Condor）飞行器，以及由领先系统（Leading System）公司开发的 "琥珀"（Amber）飞行器。1986 年 3 月，波音的 "秃鹰" 飞行器问世，并于 1988 年 10 月进行了试飞，该飞行器在机体制造过程中率先引入了蜂巢结构的轻型复合材料工艺，其起飞重量中 60% 以上都是燃料重量，且燃料皆储存于较长的主翼中，其动力装置采用 1 对大陆公司 175 马力 6 缸活塞式发动机（采用两段式增压）。飞行器的性能参数如下：翼展 61 米、机身长 20.7 米，全重 9070 千克（空重 3630 千克），续航时间约 2.5 天，巡航速度约 360 千米 / 时，

实用升限为 19800 米。尽管在当时，"秃鹰"飞行器性能颇为惊人，却并未进行量产或进一步开发。

与"秃鹰"相比，"琥珀"飞行器则完全不同，该项目源于 1984 年 DARPA 与领先系统公司签订的 4000 万美元合同，要求后者开发一种先进无人侦察飞行器。当时 DARPA 对开发要求的性能指标吸引了多个军种参与，美国陆、海军及海军陆战队都涉及其中，其中以海军为主。该飞行器的翼展 8.54 米、机身长 4.6 米、全重 335 千克，动力装置采用 1 台 65 马力的 4 缸液冷活塞式发动机，发动机驱动的螺旋桨推进器位于机尾。机体的主翼并未直接与机身连接，而是由一个短塔架架高后与机身相连，它也采用倒 V 形尾翼。"琥珀"除了有无人机版本外，还有一个巡航导弹的版本，其续航时间亦达到 38 小时以上。1986 年 11 月，"琥珀"原型机首飞，但直到 1987 年美国国会开始密集审查军方各类无人机开发项目时（之后就全面冻结了所有项目），这种飞行器才解密（当时在合同上也称为 B-45 侦察原型机和 A-45 巡航导弹，其实就是指"琥珀"飞行器的两种版本）。在该项目被终止后，领先系统公司亦陷入危机无力支撑，不久被通用原子公司（General Atomics）收购。

1988 年，领先系统公司开始研制出口型的无人飞行器——"蚊蚋 750"（Gnat 750），该飞行器首飞于 1989 年。"蚊蚋 750"的机体较大，其翼展达到 10.75 米、机身长 5 米，全重 517 千克，续航时间约 48 小时，最大升限约 7600 米，机体采用下单翼、倒 V 形尾翼、螺旋桨推进器后置的常规机体布局，动力装置为一台 85 马力的罗塔克斯（Rotax）912 活塞式发动机。该飞行器原来用于出口，但后被中情局看中并采购，1994 年，中情局将其部署到阿尔巴尼亚用来监视塞尔维亚。实践表明"蚊蚋 750"无人飞行器在设计上还算较为成功，只是它的使用较易受天气状况和极端复杂地形的制约（飞行器动力输出较小，遇到急剧变化的地形不易机动规避，就像早期"战斧"导弹设定飞行路径时须避开陡峭的山地和悬崖）。为解决这一问题，开发商专门改进了"蚊蚋 750"的动力系统，新型号又称为"Ⅰ-蚊蚋 750"，它换装了输出功率更大的涡轮增压发动机，同时提升了动力系统的可靠性和维护性能。从外形上看"蚊蚋 750"和后来出现的"捕食者"较为相似，实际上通用原子公司在收购领先系统公司

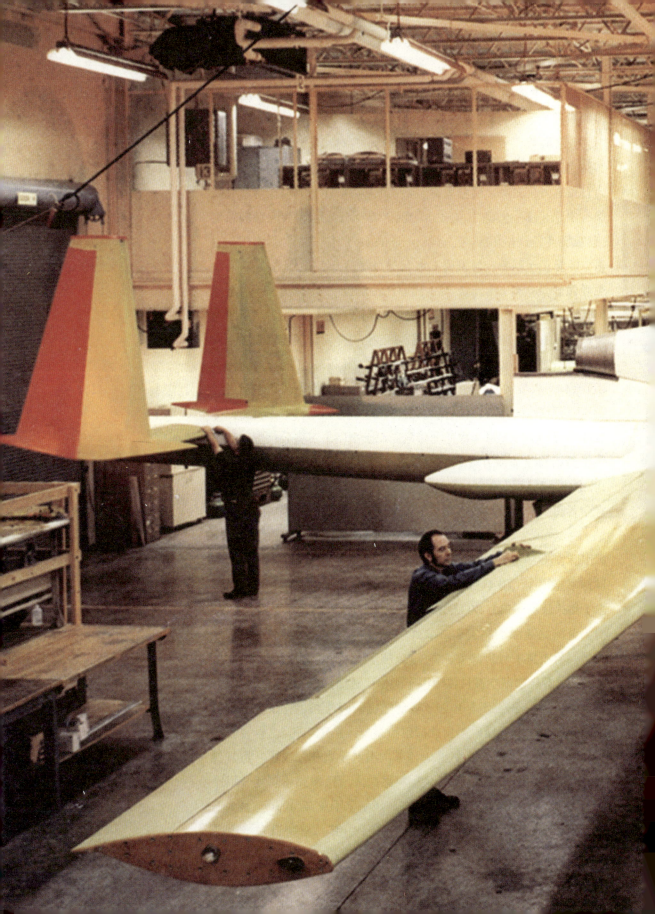

机组人员正在对波音公司
"罗盘帽"项目飞机做最后
检查。YQM-94A"鸥"于
1973 年 7 月进行首飞。（美
国空军）

后，确实继承了后者的"蚊蚋"系列飞行器开发理念和技术。"捕食者"在开发初期，其项目代号就是"蚊蚋750–45"，这也说明两者之间的确存在着必然的联系。通用原子公司也曾打算以"蚊蚋750"为基础，开发一种战术无人飞行器——"徘徊者"（Prowler），该飞行器体型更小（翼展7.31米、机身长4.25米，续航时间超过16小时），但由于缺少问津者，并未实际投入开发和生产。

在DARPA于1983年启动高空长航时螺旋桨推进器无人系统后，特里达因·瑞安公司也提出过自己的方案，公司称之为"精灵"（Spirit），或329型。该飞行器的设计特点在那个时代确有启发性。"精灵"与"琥珀"飞行器相似，不像特里达因·瑞安公司开发的早期高空长航时无人机，它计划采用液冷活塞式发动机。特里达因·瑞安公司采用了6缸的活塞发动机，它可产生155～160马力的动力 [1986年12月，采用4缸版本同型发动机驱动的鲁坦公司（Rutan）开发的"航海者"（Voyager）就已完成环游世界的壮

下图："I – 蚊蚋750"无人侦察飞行器。（通用原子公司）

举]。资助该项目的美国军方机构主要是海军航空发展中心，但由于该机构缺乏资金且也未找到合作机构继续资助开发，令其很快夭折。"精灵"飞行器采用双尾撑机体设计，两边尾撑上各有一部发动机驱动的螺旋桨推进器，机尾配置有内倾斜的V形尾翼，其任务包括在高空监控、中继大范围内的声呐浮标阵列的侦察信息（与越战时期"白色冰屋"计划所需的中继监控无人机相似）。机身所搭载的载荷主要位于机鼻处的载荷舱中。为尽可能减轻机体重量，机体主要采用复合材料制造，其性能参数如下：翼展25.91米、机身长12.19米，起飞重量约2041千克（载荷136～544千克，空重1134千克），在15200米高空巡航时续航时间超过80小时，航程达到25700千米，最大升限为22800米。

20世纪80年代末90年代初，美国空军曾将"蚊蚋750"划分为"蒂尔（Tier）Ⅰ"飞行器，"捕食者"划分为"蒂尔Ⅱ"飞行器，而"蒂尔Ⅲ"飞行器则为更大型的、可与B-2轰炸机相比拟的无人隐形飞行器预留［当时曾有一个类似的项目，代号为"石英"（Quartz），但后来该项目因不切实际而被取消］，到20世纪90年代末"石英"项目曾短暂重启，但很快就又被否决，美国空军为填充"石英"被取消后留下的空缺决定开发一种隐形无人系统，也就是后来的RQ-3"暗星"项目以及"超掠食者"（"蒂尔Ⅱ+"）项目，而后者最终演化成为"全球鹰"，有关这两种飞行器具体开发情况可见后文。

在美国空军划分"蒂尔"系列无人机项目后，特里达因·瑞安公司也提出了备选的小型短航时410型无人飞行器设计，用于竞标美国空军"蒂尔Ⅱ"飞行器，但后来兼并了领先系统公司的通用原子公司，凭借从前者继承来的"蚊蚋"无人机发展出的"捕食者"赢得了竞标。410型无人机首飞于1987年10月，它采用一部160马力活塞式发动机，其性能参数如下：翼展9.45米、机身长6.60米，全重736千克（载荷136千克），续航时间为24（全载荷）～48（45.4千克载荷）小时，最大飞行速度350千米/时，巡航速度156～258千米/时。1993年，410型飞行器提交参加"蒂尔Ⅱ"无人系统的竞标申请，但到1994年1月，美国空军正式选定了"捕食者"无人系统。

攻击前电子对抗

1967 年末，美国空军就开始寻求一种具有电子对抗功能的无人机，用于支援空袭行动。当时美国空军已配备 147N 型"火蜂"无人机，并将其改装成可携带一对金属箔条散布莢舱的型号，称为 147NA（AQM-34G）；之后又陆续改装了 147NC（AQM-34H），具有可预编程的飞行控制模式（在多个飞行高度上）。1968 年 8 月，所有这种电子攻击无人机完成改装并可投入实战。但在当年 11 月 1 日，约翰逊总统宣布暂停对越南北方的轰炸（一直持续到 1972 年），电子对抗无人机并未投入实战。1970—1971 年，在战术空军司令部举行的演习中，电子对抗无人机终于可展示其电子干扰能力，在演习中，它们确实发挥出了良好的干扰效果，于是到 1971 年时，美国空军继续加大对此类无人机的改进力度，它们也开始携带以往由 F-4 战斗机搭载的电子干扰莢舱，当时这一项目也称为"战斗天使"（Combat Angel）。

待 1972 年美国重新恢复对北越的大规模轰炸时，战役筹划期间，美国前线司令部的参谋人员并未想起还有这类电子对抗无人机，因此它们在空中战役期间也并未投入使用。但当时战术空军司令部仍记得这种在演习中表现出色的干扰无人机，在战争结束后立即重启了相关项目。1974 年 9 月，美国空军与特里达因·瑞安公司签订合同，由后者开发 AQM-34V 型电子干扰无人机，也称 255 型飞行器。该飞行器以 AQM-34H 为基础，但对其机身进行了大量修改。为与 1971 年启动的"战斗天使"项目相区别，新项目称为"战斗天使升级改进"，其原型机首飞于 1976 年 5 月 13 日。飞行器搭载一套电子对抗系统（ECM），其翼下还挂载一对箔条散布莢舱。1978 年 10 月 30 日至 11 月 1 日，在美国三军种（海军、空军及海军陆战队）于墨西哥湾举行大规模的"勇敢鹰"（Gallant Eagle）实兵演习中，该飞行器进行了全面、广泛的作战性能演示，给几个军种留下了深刻印象。在演习中，AQM-34V 演示了如何在空中战役开始前对敌方实施广泛、全面的电子压制和干扰：首先 AQM-34V 在作战空域大量散布金属箔条，制造出一条"致盲走廊"，随后一架有人驾驶的 EB-57 战机利用这条走廊突入敌方空域进一步散布箔条并用其机载电子干扰设备，对敌方雷达实施高强度电子压制，在达到迷惑敌方侦察监视雷达的目的后，己方攻击战机开始实施大规模攻击。事实上，这一利用无人飞行器打头阵，多兵种联合实施多维战场压制、超饱和打击的战术，正是当时苏联海空力量为美国航空母舰编队准备的"礼物"，通过此次演习，也使美国海军意识到利用无人机进行类似训练的重要性。

攻击型无人飞行器

当美国空军利用"火蜂"无人机向地面散布宣传品或在空中抛撒金属箔条时，就已在这类无人机与传统的纯粹用于侦察的无人机之间，划下了一条并不很明显的界限，这也预示了前者作为一种投射平台的潜力。特别是越南战争的经验表明，从空中对日益聪明的敌人进行压制既危险又困难，因为攻击飞机为了发现并摧毁目标，在攻击过程中必须将其自身暴露给敌人的防空火力系统。1970年第三次中东战争期间，以色列空军突击埃及部署于苏伊士运河区的防空体系时，也向美国决策者们揭示了这种危险的作战方式。事实上，美国防务工业界很早就企图为无人机搭载攻击弹药用于执行极高风险的空中攻击任务，早在1964年特里达因·瑞安公司就向军方提议开发一种载弹版本的"火蜂"系列无人机，但除了美国陆军较感兴趣外，并未引起其他军种的重视。但到1971年时，形势的发展迫使美国军方更严肃地看待这一问题，当时苏联很可能在欧洲部署更为先进的防空系统（系统中各类防空火力要素相互联系起来，它可协调、合作地与空中目标交战），这比他们提供给埃及的防空系统更为致命。在这种形势下，美国军方启动了一项开发新型防空压制系统的"海弗柠檬"（Have Lemon）项目。项目准备先期改装"火蜂"无人机，使其具备攻击能力（即BGM-34A型，又称为234型飞行器，1971年3月签订开发合同）；此外，还准备为BGM-34A配备"小牛"（Maverick）电视制导炸弹以及美国空军所使用的另一种电视制导炸弹——"矮胖流浪汉"（Stubby Hobos）。之所以选用电视制导炸弹而非其他制导方式的弹药，是因为常规防空压制弹药在攻击敌方防空雷达时仍存在很大破绽（后者只要发现被反辐射弹药锁定后立即关闭雷达，就会使其失去目标），而无人机则可尽量接近敌方防空系统，在近距离下使用电视制导弹药，这些弹药的制导头由电视摄像机和数据链组成，发射后其观察到的景象可直接回传给操控人员，由他们来控制更易准确命中目标。1971年12月14日，这种经过特别改装的147S型飞行器成功首飞，1972年2月空基发射的147S版本带弹进行了试飞和投掷，至少在试验场上它们表现得很好。1971年12月时，美国已恢复了对越南北方的轰炸，此时毫无疑问越南北方的防空系统已比1968年时更为坚固，美国空军在轰炸开始前亦准备利用新开发的、配备了电视制导炸弹的无人机率先打破僵局。

但不幸的是，为BAM-34A及其电视制导弹药配备的电视摄像头并未在实战中发挥出效能，因为通过它们摄制的图像，操控人员根本无法分辨出防空系统的伪装。很快，美国空军又启动了名为"海弗玛瑙"（Have Onyx）的开发项目，企图研制一种基于红外的系统穿透植被和伪装，分辨出攻击目标。

与此同时，美国战术空军司令部也在构思新的攻击战术，他们希望利用由无人机组成的空中编队进行第一波打击，以此吸引和消耗敌方的防空力量，为后继由有人战机组成的攻击编队打开通路。这一战术远远超出前述仅用无人机实施反辐射攻击的范畴。美国空军也对这一概念表现出兴趣，并决定尽快生产和采购攻击无人机。1972年1月，越南前线空军就曾向采购部门询问可提供多少配备导弹的147SC和147SD型无人机。战争急需也使特里达因·瑞安公司迅速行动起来，经过一年多的工程开发，到1973年2月时，一种新的攻击无人机版本BGM-34B（234A型）问世了。与BGM-34A型相比，新机型具有推力更强的发动机，机体尾翼上的控制舵面也增大了（提高无人机的机动能力）；它与BGM-34A型相似，也能发射"小牛"电视制导炸弹，此外，它还试验搭载了一种自推进的激光制导弹药（SPASM）。为配备SPASM弹药的使用，飞行器机鼻部分也作了修改，在适当扩大后，其内部除原来的电视摄像机、微光摄像机外，还可容纳1部激光指示器（可为SPASM弹药及"小牛"的激光制导型号提供照射引导）。

1974年11月，BGM-34A型无人机在驻欧美军总部为联邦德国军方进行了演示〔在双方合作性项目"宝冠索尔"（Coronet Thor）的框架下〕，成功的演示也激起了联邦德国军方对武装型无人机开发的兴趣，联邦德国军方随即启动了"巨嘴鸟"（Tucan）无人机开发项目。然而，美国空军虽资助了一些武装无人机的开发，在越南战争期间也广泛采用了无人系统，但他们仍对所有用无人系统替代有人战机的想法嗤之以鼻。

　　由于已成功开发了"火蜂"系列无人机的电子对抗和空中攻击型号，1972 年特里达因·瑞安公司提议开发一种可用于攻击的多用途"火蜂"版本——BGM-34C（259 型），它带有一个可更换的机鼻以及尾部设备整流罩（内置雷达天线和数据链天线）。美国军方也接受了这一建议，并于 1974 年 11 月与公司签订开发合同。瑞安公司改装了 5 架 AQM-34L（147SC）无人机以用于前期验证和试验，这些无人机可由发射载机 DC-130 进行遥控。1976 年 8 月，新的 BGM-34C 问世，当时公司曾预计从 1977 年 7 月起可每年生产 20 架这样的攻击型无人机。1978 年 4 月，该型无人机开始进行密集的飞行试验（这批次中，14 架用于侦察监视型、12 架为电子战型，一架为攻击型并试验了宽带视频数据链），项目也在 1977 年试验了两架电子战型无人机进行模拟编队飞行伴随电子干扰。由于试验较为成功，当时美国国防部长办公室曾提议在 6 年时间内（1978—1984 财年），为军方配备 145 架这种可灵活配置的无人机。

　　但这些构想都未能实现，1976 年时，据称美国空军认为该无人机已成为负担，与其正在开发中的 B-52 搭载巡航导弹的项目构成了资金竞争，而不愿接收甚至继续资助该项目。到 1979 年，美国空军撤销了其最后一个无人机单位编制（第 432 战术无人机大队），该大队超过 60 架"火蜂"系列无人机也被封存。与此同时，美国国会也有不少人士坚持反对美国空军的因循守旧，例如参议员斯托姆·瑟蒙德就称，如果空军真这么干了，那么由飞行员驾驶的战机就不得不再去执行那些已能由无人机担负的危险任务。

　　在美国军方早期使用无人机的历史中，最重要的武装无人机可能要算是美国海军的 QH-50"无线电遥控反潜直升机"（DASH）无人直升机项目，该项目完全是美国海军自主完成的项目。DASH无人机的概念设计最早可追溯至 20 世纪 50 年代中期，当时美国海军是想开发一种可在舰上使用的、投掷制导鱼雷的无人机。DASH无人机之所以引起美国海军的兴趣在于，它并不需要载机舰只在反潜作战时进行过多的操作，相比之下，使用"阿斯洛克"（ASROC，反潜火箭）的舰只在反潜作战时需要更多的机动，这无疑增大了被潜艇攻击的风险。此外，该飞行器还可在恶劣天气条件下使用（并非飞行器性能可靠，而是由于它采用遥控驾驶，不用担心驾驶人员安危）。到1957年时，美国海军曾计划为其所有不适合配备较大型的"阿斯洛克"反潜系统的中小型舰只（驱逐舰和驱逐护卫舰）都装备这种无人机。1960年8月12日，首架DASH原型机试飞，1963年1月开始部署。到1969年时，美国海军已采购了810架DASH无人机并改装了240余艘中小舰只以便配备它们。但是，这种无人机并没有取得美国海军舰长们的信赖，原因很简单，DASH的飞行控制系统较为原始（只有一部较简单的自动驾驶仪），且缺乏反馈控制机制，致使其很难做到稳定、可靠地飞行；此外，它还不幸有个坏习惯，每次飞回载舰时遥控人员都很难让其稳定自如地降落到飞行甲板上，这使很多舰长非常难以接受；有时飞行器控制系统故障，为回收它们，军舰甚至不得不赶到其落海的地方进行回收。从配备之初到1970年夏，仅因训练和正常作业，美国海军就损失了近一半的DASH飞行器（440架）。而且该飞行器的平均故障时间为145～185小时，这样的高故障率在和平时期都难以接受，更遑论战争期间了。于是在1970—1971年间，DASH飞行器就全部从海军退役，替代它们的是另一种稍小型的有人驾驶的LAMPS直升机。此外，DASH无人机迅速退役的另一个重要原因是，到20世纪70年代初时，当初只能搭载DASH无人机的小型舰只也陆续退役，剩下的稍大型的舰只可以搭载其他有人反潜直升机，因此其命运就再无更改的可能了。后来，日本海上自卫队从美国海军获得了24架DASH无人机，由于其操作非常小心且注意细节，反而比美国海军更快地熟悉了这种无人机的使用，其在日本服役的时间更长。1986年，以色列也获得了3架DASH无人机，以军方将其改装为无人传感器平台，称为"地狱星"（Hellstar）。在越南战争期间，一小部分DASH经改装后（称为"史努比"DASH）配备到美国海军的大型战列舰上，为其舰炮对岸射击提供观察校射服务。

以 DASH 飞行器中最为典型的 QH–50D 型飞行器为例，其性能参数具体为：旋翼直径 6.10 米、机身长 2.33 米，全重 1055 千克[弹药载荷 416 千克，"夜瞪羚"（Nite Gazelle）弹药组件 136 千克]，典型任务（搭载反潜武器载荷）半径 74 千米（比最初的 QH–50A 增加 26 千米），非反潜模式时航程可达 724 千米，飞行器最大升限 4880 米，悬停升限 3060 米，飞行速度约 148 千米 / 时，其动力装置采用一部 330 马力的波音 T50–BO–12 涡轮轴发动机。

1968 年 1 月，DARPA 还专门为 DASH 开发过专用载荷，载机采用 QH–50D 型无人机，项目称为"夜豹"（Nite Panther）和"夜瞪羚"。"夜豹"项目是一套传感器载荷，它包括为无人机配备一套昼 / 夜型电视摄像机、运动 / 静止目标照相机、激光目标指示器及其他传感器；"夜瞪羚"则是一套武器载荷，包括"米尼岗"（Minigun）速射机枪、榴弹发射器发射的反潜榴弹、小炸弹散布器以及"激光辅助火箭系统"（LARS）。之后，也有不少机构和企业，试图采用 DASH 的旋翼系统及动力装置开发垂直起降无人飞行器，但无一获得成功。

目前的无人空中作战飞行器，例如"掠食者 / 收割者"都是从原来的侦察监视无人飞行器衍化而来，也继承了这类无人飞行器速度较慢的特点。目前，它们主要采用"猎人—杀手"的作战模式，即其机载侦察监视设备探测、发现并识别目标（这一步目前仍需要操控人员来判断和决策），锁定后利用激光引导制导弹药（如"地狱火"导弹）实施攻击。如果无人飞行器已在目标区徘徊巡航，这种攻击模式非常有效，例如已提前得知具有某种特征的目标在目标区内活动。此外，在缺乏有效目标情报的前提下，如果用很多这样的无人飞行器在大范围区域内巡航徘徊，就像本书开篇所说的由大规模多种类的无人机组成空中集群，在高效的战场态势感知体系的支援下，也能发挥精确攻击的能力。

以色列无人机使用经验

与美国竭力追求无人系统的高升限、高速度等性能不同，以色列在无人机开发和使用领域也具有丰富的经验和实践，他们事实上走出了无人机开发的另一条路。以色列的很多低性能无人平台也搭载着实时传感器，如配备了数据链的电视摄像机等，在战争中收到了极佳的效果。据称，以色列之所以更早地意识到无人系统的重要性，并投入大量精力和资源进行开发，其原因在于1973年"赎罪日战争"中以空军有人战机在现代防空体系前损失惨重。也正是那次战争期间，以军方拥有了诸如"火蜂""石鸡"等无人机（他们并未宣称这一点），然而战争的高消耗使以方工程师们不得不另辟蹊径，他们迅速将"石鸡"改装成诱饵靶机，用以消耗阿拉伯国家新进口的苏制防空导弹，这为后期以空军的绝地反击埋下了伏笔。战争结束后，据称以空军曾要求以色列航空工业公司和塔迪兰（Tadiran）公司开发一种小型的战术侦察无人机，它要能为地面部队提供实时战场情报。当时其拥有的"火蜂"并不能提供这一功能，它们是更高端的战略侦察无人机，通常也只能进行胶片拍照任务（目前仍不清楚，以方在1973年时是否将"火蜂"改装成为能提供实时战术情报的机型）。而以军后来广泛使用的"侦察兵"（Scout）和"驯犬"（Mastiff）无人机的开发就始于这一时期，当时，这两种飞行器也称为迷你型遥控驾驶飞行器（mini-RPV），以便与"火蜂"这样的大型无人机相区别。

　　与美国更注重高性能的、用于获取战略情报的大型无人机相比，以色列显然更注重将其低性能的无人机视作战场实时情报的来源，这一使用思想上的不同使以军在运用无人机方面取得了更显著的效果。1982年黎巴嫩战争期间，以军对各类战术无人机创造性地使用（首次在危险的战场上，使陆军获得了一种廉价的实时情报获取手段），激发了很多国家军队对无人机的热情，其中也包括无论是从无人机使用规模还是时间上都优于以色列的美国。尤其是当时各国空军都无力或不愿为陆军提供短期实时的、但对地面部队至关重要的战术情报，以色列的经验对各国陆军的激发就更为宝贵了。

　　再与同时期的美国反复改进"火蜂"提高其性能的做法相比，以军明显不愿用更高性能的无人机来替换本来就已是高性能的"火蜂"无人机，反而更愿意提升现有无人系统与地面部队的配合程度，最大限度地发挥无人机实时、可损耗的特性，直接为地面部队服务。进入 20 世纪 90 年代以后，以军开发的无人系统在升限、速度等性能参数上更无法与美国开发的同类产品相比，这极可能是以军相信他们可以利用更专业化的攻击无人机系统（例如"哈比"等），来瓦解敌方的防空系统，所以也就不需要为提高其无人机的战场生存率而在其性能上下功夫，至少在战术环境中是这样。

近期无人机使用经验

第一次海湾战争中，美国开始使用"先锋"无人系统，有趣的是，尽管该无人系统主要由美国海军所采购，但美国陆军在战争中也有大量运用（美国陆军于 1990 年获得该系统）。战争中美军共部署了 43 架"先锋"无人飞行器，完成任务出击 330 次（飞行时数超过 1000 小时）。在联军地面部队著名的"左勾拳"侧翼突击中，美国陆军的"先锋"无人机亦全程跟随锋线部队见证了整个作战行动，凭借着敏锐的战场侦察监视能力，使部队更为有效地发现、摧毁伊军目标，有力地支持了整个战役行动。美国海军的"先锋"无人系统则主要用于为波斯湾美军战列舰上的 16 英寸口径巨炮提供观察和校射支持；而海军陆战队则主要利用"先锋"无人飞行器替代老式的 RF-4 战术侦察机，为前线部队直接提供实时战场态势情报。海湾战争结束后，"先锋"系统开始陆续退出现役，到 1995 年时，美国军方共拥有 9 套"先锋"无人系统，其中美国海军 5 套、海军陆战队 3 套，最后 1 套则交付给位于亚利桑那州的华楚卡堡（Huachuca）联合无人飞行器训练中心。

如果说第一次海湾战争只是现代无人空中系统运用于战争的预演，那么 1999 年巴尔干危机则使其正式登上了战争舞台。其间，由无人机提供了较大比例的战场侦察情报，北约由于种种原因所损失的无人飞行器中，美国共损失 17 架［"捕食者" 3 架、"猎人"（Hunter）9 架、"先锋" 4 架、1 架型号不明］，德国损失 7 架（可能是 CL-289），法国损失 5 架［3 架"红隼"（Crécerelle），2 架 CL-289］，英国 14 架［"凤凰"（Phoniex）］，其他国家 4 架。在所有这些损失的无人飞行器中，28 架在作战中遭敌火袭击而坠毁，另 19 架则因天气原因、机械故障等因素而失踪；其中，CL-289 是一种标准的典型无人机（与越战时的"火蜂"类似），它采用任务前预先编写的飞行程序，到达指定地点后拍照并返回。对于美国来说，2003年"自由伊拉克"行动更是前所未有地大规模采用无人机进行的战争，其间美国共投入9种型号的无人系统［"全球鹰""捕食者""银狐"（Silver Fox）、"先锋""龙眼"（Dragon Eye）、"阴影200"（Shadow 200）、"部队防护机载监视系统"（FPASS）、"指示器"（Pointer）和"猎人"无人系统］。从2003年初战争开始到当年5月12日，"全球鹰"飞行器共出击16架次（总飞行时数357小时），发现并定位13个SAM防空导弹单位、50具防空导弹发射装置、300余辆伊军坦克装甲车辆（约占其装甲部队的38%）以及300余个其他军事目标；在同一时间段，"捕食者"飞行器出击93架次（完成1354飞行时数），"猎人"飞行器出击190架次（到5月22日前），"阴影200"飞行器出击172架次（完成688飞行时数），"先锋"飞行器出击388架次（到6月4日前，飞行时数总共达到1344小时）。

战争中，当联军地面部队深入伊拉克境内时，他们就发现无人飞行器的作战极其重要，不仅在于它们能提供实时的战场态势侦察，同时也在于它们在保护后勤运输车队方面的巨大作用（根据统计数据表明，采用无人飞行器护航巡逻的车队更易安全完成输送任务）。此外，根据美军的统计数据，在战争刚爆发的2003年，各类无人飞行器平均每天的累计飞行时数达数十小时，到2005年时这一数字变为100小时，2008年时则变成500小时。在2003—2004年期间，美国陆军的无人飞行器每个月共完成1500飞行小时，到2005年时则激增至9000小时，2007年后更增加到55000小时。

极具讽刺意味的是，在2001年反恐战争打响后，美国地面部队在阿富汗战场得到的直接作战支援仍主要来自本军种的无人飞行器。美国空军似乎仍沉浸在越南战争中，继续专注于用其无人系统执行战略性侦察和打击任务；对于美国空军的做法，海军陆战队的举措似乎更能说明问题，在初期海军陆战队无人飞行器数量不足时，他们主要利用其有人驾驶的大型P-3C型海上巡逻机来为其地面部队提供支援，原因很简单，因为这是陆战队地面部队可以直接控制的最方便的空中支援力量。